# GRUNDLAGEN ZUR BERECHNUNG VON WASSERROHRLEITUNGEN

VON

## DR.-ING. B. BIEGELEISEN

PRIVATDOZENT A. D. TECHNISCHEN HOCHSCHULE
IN LEMBERG (ÖSTERREICH)

UND

## R. BUKOWSKI

INGENIEUR IN LEMBERG

SONDERABDRUCK AUS DEM
„GESUNDHEITS-INGENIEUR"
HERAUSGEGEBEN VON GEH. REG.-RAT E. v. BOEHMER,
BERLIN-LICHTERFELDE, WEST

DRUCK UND VERLAG VON R. OLDENBOURG IN MÜNCHEN

# Einleitung.

»Bekanntlich sind unsere gegenwärtigen Kenntnisse in der Hydraulik sehr beschränkt, und wenn auch manchmal mit großen Fähigkeiten begabte Leute sich mit dieser Wissenschaft befaßten, so sind uns doch Gesetze der Wasserströmung unbekannt; was in den letzten 150 Jahren unser Wissen vermehrte, waren nur die Versuche über die Menge, Geschwindigkeit und Zeit des Ausflusses von Wasser durch beliebige Öffnung.

Alles, was sich auf die unsere Erdoberfläche durchströmenden Gewässer bezieht, ist uns unbekannt; die Beschränktheit unserer Kenntnisse wird am besten durch das bewiesen, was wir noch nicht wissen. Ist die Geschwindigkeit eines Flusses zu ermitteln, dessen Breite, Tiefe und Gefälle gegeben sind; soll die Stauhöhe bestimmt werden, welche entsteht, wenn der Strom einen Zufluß erhält; das Gefälle, das ein Aquädukt haben soll, wenn die Geschwindigkeit und Wassermenge gegeben sind; die Wassermenge bei gegebener: Länge, Durchmesser und Gefälle der Leitung; die durch Errichten einer Brücke verursachte Stauhöhe und -länge; das günstigste Profil des Einlasses zum Kanal, des Zuflusses zum Hauptstrom; die geeignetste Gestalt des Schiffes, um den geringsten Kraftaufwand zu erzielen; die Kraft, welche man benötigt, um einen schwimmenden Körper zu bewegen — alle diese und ähnliche Fragen sind heute noch immer nicht gut lösbar. Ja, es ist unglaublich, wir wissen nicht einmal, wie groß der Stoß des Wassers gegen eine Ebene ist, geschweige denn gegen eine konvexe Oberfläche! — Jedermann stellt Betrachtungen über die Hydraulik, aber wie selten wird sie richtig verstanden!«

So schrieb im Jahre 1786 der berühmte französische Hydrauliker Du Buat in seinen »Principes d'hydraulique«, und wenn wir ihn hier anführen, so geschieht es nur, um festzustellen, daß in dem engbegrenzten Gebiete, welches den Gegenstand unserer Untersuchungen bildet, trotz vieler ausgezeichneten Arbeiten von Physikern und Technikern,

diese Worte an Bedeutung nicht verloren haben. Wie damals, so sind auch heute die Ergebnisse der hydraulischen Rechnungen sehr unsicher, die verschiedenen Berechnungsmethoden der Strömung des Wassers in Rohrleitungen schwanken in ihren Endresultaten um beinahe 400%; nur allzu oft wird in der Praxis wohl die Hauptzuleitung, das ganze Netz von Nebenleitungen und Abzweigungen aber nicht berechnet, so daß der Verlauf der Drücke und Widerstände unbekannt bleibt. Noch ärger wird beim Projektieren von Wasserleitungsinstallationen in den Gebäuden verfahren, hier wird fast gar nicht berechnet und die Durchmesser nach Gutdünken angenommen.

Wer trägt die Schuld an diesen Umständen? Vor allen Dingen die Physik, welche bis auf die gegenwärtige Zeit nicht imstande war, Angaben zu liefern, die für den ausführenden Ingenieur praktisch verwertbar wären. Die an die Entwicklung der analytischen Hydrodynamik gebundenen Hoffnungen versagten vollständig; ungeachtet vieler bedeutenden Arbeiten auf dem Gebiete der Hydrodynamik, und neuer, manchmal sehr schönen und von den bisherigen Anschauungen abweichenden Theorien, welche in letzter Zeit entstanden sind, ist der Gegensatz zwischen Theorie und Ingenieurpraxis schroffer denn je: Die theoretische Hydrodynamik handelt in ihren Gleichungen von idealer, inkompressibeler Flüssigkeit, und wenn auch der Einfluß der Reibung sowohl der Wasserpartikel aneinander als auch an den Wänden analysiert wird, so sind die Gleichungen, welche tiefgehende Kenntnisse der höheren Mathematik voraussetzen, noch immer derartig kompliziert, daß sie dem reellen, gar nicht einfachen Fall der Strömung des Wassers in Röhren, Kanälen, Flüssen u. dgl. nicht gerecht werden können. Ein Beispiel wird das am besten erläutern.

Wenn ein sehr breiter Strom von der Tiefe $h$ im gleichförmigen Bett mit dem relativen Gefälle $i$ bergab fließt, so ist auf Grund der klassischen Hydrodynamik der Vorgang als Strömung der Flüssigkeit mit parallelen Stromlinien und mit der Geschwindigkeit $u$ zu betrachten, wobei $u$ von der Tiefe $y$ unter der Oberfläche des Stromes abhängig ist. Die S t o k e s-

¹) Die im Text stehenden eingeklammerten Zahlen beziehen sich auf das Literaturverzeichnis.

sche Gleichung liefert dann die Bedingung des Gleichgewichtes für gleichförmige Strömung

$$\frac{du}{dt} = k\,\frac{d^2u}{dt^2} + g \cdot \sin i = 0$$

worin bedeutet

$k$ = den Reibungskoeffizienten,
$g$ = die Fallbeschleunigung.

Hierzu gesellen sich die Randbedingungen, und zwar wird angenommen, daß das Wasser am Boden ruht ($u = 0$ für $y = h$) und auf der Oberfläche keine Reibung auftritt $\left(\frac{du}{dt} = 0 \text{ für } y = 0\right)$, die Geschwindigkeit wird dann zu

$$u = \frac{g \cdot \sin i}{k}\,\frac{(h^2 - y^2)}{2}.$$

Wird in obiger Gleichung $k = 0{,}018$ (im System C. G. S.), $i = 0{,}0001$, $h = 400$ cm (wie durchschnittlich in großen Flüssen) eingesetzt, so erhält man die Geschwindigkeit an der Oberfläche den allzugroßen Wert $u = 436$ m/Sek., während die tatsächliche Geschwindigkeit 1 m/Sek. nicht übertrifft.

Ebenso verhält es sich mit den theoretischen Methoden der Berechnung der Reibungsverluste, welche während der Strömung des Wassers in Rohrleitungen entstehen. Bezeichnen wir mit:

$m$ = die Masse des durchfließenden Wassers pro Sek.;
$\gamma$ = das spezifische Gewicht des Wassers;
$Q$ = das Volumen des Wassers pro Sek.;
$v$ = die Geschwindigkeit;
$h_1$ = den Reibungsverlust pro 1 m Rohrlänge;
$d$ = den Durchmesser der Rohrleitung;

so ist die Strömungsenergie des Wassers

$$E = \frac{m v^2}{2},$$

und da

$$m = \frac{\gamma Q}{g}$$

$$E = k'\,\frac{\gamma Q v^2}{2g},$$

worin $k'$ den Koeffizienten bedeutet, der sowohl von der Art der Wandflächen sowie von der Reibung der Wasserteilchen aneinander abhängig ist. Da die verbrauchte Energie

$$E = h_1 \gamma \cdot Q$$

beträgt, so folgt

$$h_1 = k'\,\frac{v^2}{2g} \quad \ldots \ldots \ldots \quad 1)$$

Diese oft in der Praxis gebrauchte Gleichung wurde noch in der Weise vervollständigt, daß man den Koeffizienten $k'$ als dem Umfange $U$ direkt und dem Querschnitt $F$ umgekehrt proportional annahm

$$k' = k\,\frac{U}{F} = \frac{4}{d}\,k,$$

woraus folgt

$$h_1 = 4\,\frac{k}{d}\,\frac{v^2}{2g} \quad \ldots \ldots \quad (1\,a)$$

Wir können aber den Reibungsverlust noch auf eine andere Art berechnen. Zu diesem Zwecke wird vorausgesetzt, daß in der Rohrleitung mit horizontaler Achse die Geschwindigkeiten $v$, die in gleichem Abstand $x$ von der Rohrachse auftreten, auch gleiche Größe haben. Denken wir uns einen Zylinder (Fig. 1) vom Radius $x$ und Länge $d\,y$, so herrscht im Abstande $x + d\,x$ die Geschwindigkeit $v - d\,v$. Auf der Oberfläche des Zylinders entsteht die Reibung, deren Größe auf die Flächeneinheit nach N e w t o n proportional der Geschwindigkeitsänderung, also:

$$-k \cdot \frac{d\,v}{d\,x}$$

angenommen werden kann. $k$ bedeutet den Reibungskoeffizienten, und das negative Zeichen den hemmenden

Einfluß der Reibung. Auf der ganzen Zylinderfläche wirkt dann die Kraft

$$-2\pi \cdot x \cdot d\,y \cdot k\,\frac{d\,v}{d\,x}.$$

Die äußere Kraft, die auf diese Fläche wirkt, ist einerseits der Druck $p$, andererseits $p + d\,p$. Dieser Kräfteunterschied muß proportional mit $d\,y$ abnehmen. Bedeutet $p_1$ den Druck am Anfang, $p_2$ am Ende der Rohrleitung von der Länge $l$, so ist

$$\frac{d\,p}{d\,y} = \frac{p_1 - p_2}{l}.$$

Die Gleichgewichtsbedingung für Kräftekomponenten in Richtung der Rohrachse $y$ ergibt

$$d\,p \cdot \pi \cdot x^2 = \frac{p_1 - p_2}{l}\,d\,y \cdot \pi \cdot x^2 = -2\pi \cdot x\,d\,y\,k\,\frac{d\,v}{d\,x}$$

$$\frac{d\,v}{d\,x} = -\frac{p_1 - p_2}{l} \cdot \frac{1}{2k}\,x$$

und nach Integrierung

$$v = -C \cdot \frac{p_1 - p_2}{l} \cdot \frac{x^2}{4k}.$$

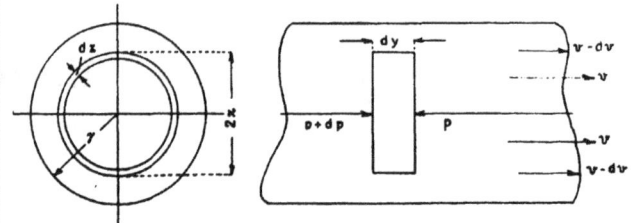

Fig. 1.

Um die Konstante $C$ bestimmen zu können, nehmen wir — wie früher — an, daß an dem Umfang der Leitung, für $x = r$, $v = 0$ also

$$C = \frac{p_1 - p_2}{l} \cdot \frac{x^2}{4k}$$

$$v = \frac{p_1 - p_2}{l} \cdot \frac{1}{4k}\,(r^2 - x^2).$$

Es folgt daraus die Geschwindigkeitsverteilung im ebenen Querschnitt nach einer Parabel wie in Fig. 2 und im Raumquerschnitt nach einem Drehungsparaboloid. Da

$$dQ = v \cdot df$$

und

$$df = 2\pi x \cdot d\,x,$$

so ist

$$Q = 2\pi\,\frac{p_1 - p_2}{4k \cdot l}\int_0^r (r^2 x - x^3)\,d\,x = \frac{\pi}{8k}\,\frac{p_1 - p_2}{l}\,r^4.$$

Es ist nun leicht zu berechnen, daß die Maximalgeschwindigkeit im Querschnitt:

$$v_{\max} = \frac{p_1 - p_2}{l}\,\frac{r^2}{4k},$$

während die mittlere Geschwindigkeit um die Hälfte kleiner, also

$$v = \frac{Q}{r^2 \pi} = \frac{p_1 - p_2}{l} \cdot \frac{r^2}{8k}.$$

Für den Reibungsverlust in der Rohrleitung folgt dann

$$h_1 = \frac{h}{l} = \frac{p_1 - p_2}{\gamma} = \frac{8kv}{\gamma \cdot r^2} = \frac{32k \cdot v}{\gamma d^2} \quad \ldots \quad (2)$$

Während also nach Gleichung 1) der Druckverlust dem Quadrat der Geschwindigkeit direkt und dem Durchmesser umgekehrt proportional erscheint, so ist er nach Gleichung 2) der ersten Potenz der Geschwindigkeit direkt und der zweiten Potenz des Durchmessers umgekehrt proportional. Von den Hydraulikern, welche der Hydrodynamik diese Gleichungen entnommen haben, wurden langwierige und unnütze Streite ausgefochten, welche von den beiden Gleichungen der Wirklichkeit entspricht. Tatsächlich sind beide wahr, aber nur für Voraussetzungen, auf Grund welcher sie aufgestellt worden sind, und beide zugleich unwahr für die wirklichen Verhältnisse, von denen diese Voraussetzungen mehr oder weniger abweichen. Daß die erste Methode mit der Wirklichkeit nicht übereinstimmen kann, folgt schon daraus, weil sie die innere Reibung vernachlässigt, auch für die zweite ist dies ohne weiteres ersichtlich, weil sie den Reibungswiderstand so groß annimmt, daß er die Geschwindigkeit an den Wänden zu Null herabsetzt. Wie groß die Unterschiede zwischen Theorie und Praxis sein können, wurde bereits an dem ersten Beispiele gezeigt. In dem ganzen Gebiet der theoretischen Hydrodynamik zeigten sich für den Ingenieur — wie wir später sehen werden — nur diejenigen Betrachtungen als fruchtbringend und anwendungsfähig, die zur Aufstellung des sog. Ähnlichkeitsgesetzes bei Reibungsvorgängen führten.

Vorläufig bleibt für die Praxis nur der eine Weg übrig: von den an den Wasserrohrleitungen angestellten Versuchen über die Gesetze der Strömung zu schließen. Die große Mehrheit der Hydrauliker hat auch tatsächlich diesen Weg eingeschlagen; folglich wuchs in dem Maße, wie die Versuche sich ständig vermehrten, auch die Anzahl der von denselben ab-

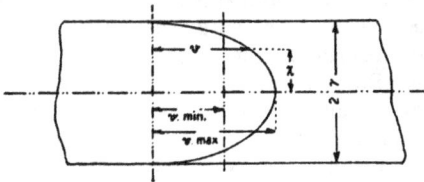

Fig. 2.

geleiteten Gleichungen. Wenn wir in dieser Arbeit denselben Spuren folgen, so geschieht es nicht, um die große Zahl der Gleichungen um noch eine zu vermehren, sondern erstens weil in letzter Zeit Versuche ausgeführt worden sind, die alle früheren an Genauigkeit übertreffen (wie z. B. von den amerikanischen Ingenieuren Saph und Schoder und von Professor Dr. Brabbée in Berlin), und zweitens weil wir uns frei zu sein wähnen von manchen Ungenauigkeiten und Fehlern unserer Vorgänger. Über die bisherigen Methoden der Auswertung der Versuche ist nämlich folgendes zu bemerken:

1. Sehr viele Experimentatoren haben ausschließlich aus ihren Versuchen Gleichungen abgeleitet, welche selbstverständlich mit den Ergebnissen der von anderen ausgeführten Versuchen nicht übereinstimmten. Die Strömung des Wassers aber bildet einen derartig verwickelten, von so vielen Umständen wie Rohrmaterial, Wasserbeschaffenheit, Temperatur, Art der Benutzung der Rohrleitung, ihr Alter u. dgl. m. abhängigen Vorgang, daß es von vornherein als ungeeignet erscheint, eine wenn auch genaueste Versuchsreihe zur Aufstellung der Formel zu benutzen.

2. Sehr oft wurde von der Voraussetzung ausgegangen, daß der Druckverlust dem Quadrat der Geschwindigkeit direkt, der ersten oder der zweiten Potenz des Durchmessers umgekehrt proportional sei, was sich bekanntlich nur auf ideale nicht aber auf wirkliche Flüssigkeiten beziehen kann. Um den letzten gerecht zu werden, wurden die Koeffizienten entsprechend gewählt, wodurch man oft der Gestalt der Kurve, welche den Zusammenhang zwischen Druckverlust und Geschwindigkeit darstellt, Gewalt antat. Folgerichtiger wäre, nicht eine bestimmte Formel der Gleichung vorauszusetzen und sie dann den Versuchsergebnissen entsprechend zu korrigieren, sondern auf Grund der Versuchsdaten die

Kurve zu entwerfen und nachher über die Form der Gleichung zu entscheiden.

3. Nicht zu übersehen ist auch der Umstand, daß infolge des Mangels an Organisation von wissenschaftlichen Arbeiten nicht nur die Ergebnisse ausländischer Versuche oft unbekannt geblieben sind, sondern daß man, ohne gegenseitige Berücksichtigung dasselbe Thema bearbeitend, zu abweichenden Ergebnissen geführt wurde und sozusagen aneinander vorbei die Formeln aufstellte.

Aus allen angeführten Gründen haben wir es für nötig erachtet, möglichst das ganze Versuchsmaterial zu sammeln und zu sichten, jedoch mit Berücksichtigung nur derjenigen Umstände, welche für die Praxis Bedeutung haben können (also mit Ausschließung der Versuche mit Glasröhren usw.). Was die Auswertung der Versuche anbetrifft, so liegt auf der Hand, daß es unstatthaft ist, Mittelwerte zu bilden, vielmehr ist zu beachten, daß einzelne Versuche unter verschiedenen Bedingungen, mittels verschiedener Methoden, mit verschiedener Genauigkeit, mittels verschiedener Instrumente, an verschiedenem Material u. dgl. ausgeführt worden sind. Man muß sie also der strengsten Kritik unterziehen, damit man den Grad ihrer Genauigkeit richtig beurteilen kann. Daß bei einer solchen Arbeit viel individuelle Schätzung hinzukommt und rein persönliche Ansicht das objektive Urteil trübt, ist unvermeidlich. Wir machen auch keinen Anspruch darauf, daß das von uns gesammelte Material vollständig sei, gewiß sind infolge Mangels an internationaler technischer Bibliographie manche Versuche unserer Aufmerksamkeit entgangen, doch ist es jedenfalls reichhaltiger als in den uns bekannten Veröffentlichungen.

Ausgeschlossen waren rein physikalische Betrachtungen aus zwei Gründen, zuerst ist die Hydrodynamik eine noch zu junge Wissenschaft, dann aber weil wir bemüht waren für die Praxis möglichst Brauchbares zu schaffen. Wenn auch unser Verfahren dem Physiker als eine rohe Annäherung erscheint, der Ingenieur aber wird stets von seinen Formeln fordern müssen, daß sie ihn ebenso sicher wie schnell zum Ziele führen.

Die Arbeit zerfällt in vier Hauptteile: der erste enthält kritische Übersicht aller Versuche über die Strömung des Wassers in Röhren, der zweite eine ebensolche Übersicht der betreffenden Formeln, und nachdem er uns zum Ergebnis geführt hat, daß keine der bestehenden Formeln dem Zwecke entspricht, wird in dem dritten Teil die kritische Geschwindigkeit besprochen, im vierten Auswertung der Versuche und Aufstellung einer neuen Formel versucht. Zum Schluß wird die graphische Methode der Berechnung von Wasserrohrleitungen behandelt, infolge ihrer Bequemlichkeit erscheint sie für den praktischen Gebrauch besonders geeignet.

## I. Versuche über die Strömung des Wassers in Röhren.

Die ersten nennenswerten Versuche wurden im Jahre 1732 von Couplet (15) an den Wasserleitungsröhren in Versailles ausgeführt. Wie groß auch die Verdienste von Couplet um die Gründung der experimentellen Hydraulik sind, so haben doch seine Versuche für uns keinen Wert aus folgenden Gründen: 1. das Material, welches Couplet benutzte, findet heute für die betreffenden Dimensionen nur selten Verwendung (es waren Bleiröhren von 0,135 m und Zinkblechröhren von 0,49 m Durchmesser), 2. die Reibungswiderstände wurden von den einmaligen Widerständen nicht abgesondert, da die Röhren viele Krümmungen besaßen. Hier gehören auch die 26 Versuche von Bossut (2 und 3) an Zinkblechröhren von 25 bis 50 mm Durchmesser. Im Jahre 1779 veröffentlichte Dubuat (23) 18 Versuche an Zinkblechröhren von 27 mm Durchmesser. Auf beide bezieht sich ebenfalls das über Couplet Gesagte.

Zusammenstellung 1.

| Material | Durchmesser $d$ in m | Geschwindigkeit $v$ in m/Sek. | Rohrlänge $l$ in m | Druckverlust $h$ in m WS. | Druckverlust $\frac{h}{l}$ in m WS. |
|---|---|---|---|---|---|
| Messingrohr . . | 0,01038 | 8,211 | 2,086 | 1,2553 | 0,6016 |
| | 0,01038 | 11,722 | 0,685 | 1,2557 | 1,834 |
| | 0,01038 | 0,1934 | 0,200 | 0,028703 | 0,1435 |
| | 0,01038 | 0,1757 | 0,200 | 0,024754 | 0,1238 |
| | 0,01038 | 0,2122 | 0,200 | 0,026672 | 0,1334 |
| | 0,01038 | 0,1896 | 0,200 | 0,022346 | 0,1118 |
| | 0,01038 | 0,0960 | 0,200 | 0,013064 | 0,06530 |
| | 0,01038 | 0,0819 | 0,200 | 0,010831 | 0,05415 |
| Messingrohr . . | 0,01434 | 8,660 | 2,981 | 1,2526 | 0,1156 |
| | 0,01434 | 12,398 | 0,8805 | 1,2504 | 1,4200 |
| | 0,01434 | 0,2236 | 0,2981 | 2,544 | 0,08533 |
| | 0,01434 | 0,1833 | 0,2981 | 1,9178 | 0,06433 |
| Zinkblechrohr . | 0,02473 | 6,082 | 10,21 | 1,2470 | 0,1222 |
| | 0,02473 | 4,610 | 10,21 | 0,7381 | 0,07171 |
| | 0,02473 | 3,810 | 10,21 | 0,3516 | 0,03443 |
| | 0,02473 | 8,948 | 3,734 | 1,2346 | 0,3308 |
| Messingrohr . . | 0,03227 | 0,360 | 0,342 | 3,3549 | 0,09811 |
| | 0,03227 | 0,2418 | 0,311 | 2,2259 | 0,07156 |
| | 0,03227 | 0,2076 | 0,6734 | 3,0394 | 0,04510 |
| | 0,03227 | 0,1451 | 1,016 | 2,5240 | 0,02484 |

Fast 100 Jahre blieb das Versuchsmaterial dasselbe, bis im Jahre 1875 Weisbach mit seinen Versuchen auftrat. Da die Weisbachsche Formel vielfache Verwendung gefunden hat, und seine Versuche in heute vergriffenen Zeitschriften (77, 78, 79, 80) zerstreut sind, so werden in folgender Zusammenstellung 1 ihre Ergebnisse (mit Ausnahme von Glasröhren) mitgeteilt. Auch sie sind heute als wertlos zu betrachten, und zwar aus folgenden Gründen: 1. die Genauigkeit läßt viel zu wünschen übrig. Die Reibungswiderstände wurden mittelbar durch Abziehen der Ein- und Austrittsverluste des Wassers in den Röhren, die letzten aber durch andere Versuche ermittelt, was zur Vergrößerung des Fehlers beitrug; 2. die Versuchsreihen sind unvollständig, wie sich aus dem Diagramm (Fig. 3) ergibt, in welchem die Logarithmen der Drücke als

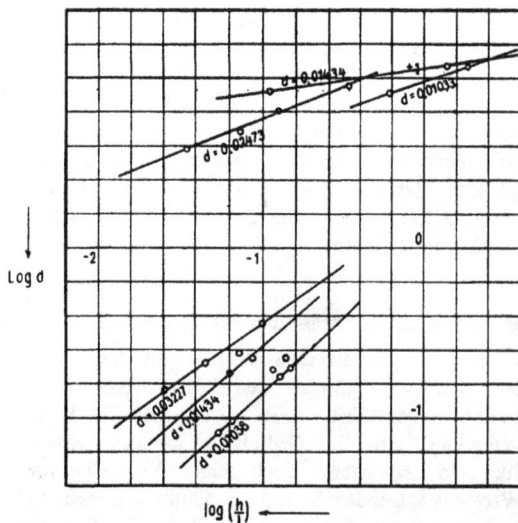

Fig. 3. Versuche von Weisbach.

Abszissen, diejenigen der Geschwindigkeiten als Ordinaten eingetragen sind. Es wurden Geschwindigkeiten im Bereich zwischen 0,08 bis 24 m/Sek. und 8 bis 12 m/Sek. gemessen, die Lücken zwischen denselben sind unausgefüllt, so daß der Zusammenhang zwischen Druck und Geschwindigkeit nicht recht ersichtlich ist. An den Röhren von 25 mm Durchmesser wurden nur Druckverluste bei hohen, an den Röhren

von 13 mm Durchmesser nur bei kleinen Geschwindigkeiten gemessen. Außerdem ist die Länge der Versuchsröhren so unglücklich gewählt (fast die Hälfte der untersuchten Leitungen hatte 0,2 bis 0,6 m Länge), daß das Wasser keine Zeit hatte, sich von den Eintrittswirbeln zu beruhigen und gleichförmige Strömung zu erlangen. 3. Da wir uns in dieser Arbeit nur auf eiserne Röhren beschränken, so ist noch hervorzuheben, der Nachteil der Weisbachschen Versuche liege auch darin, daß sie auf dieses in der Praxis überwiegend gebrauchte Material keinen Bezug nehmen.

Im Jahre 1834 führte Zeuner (85) 25 Versuche an einem schmiedeeisernen Rohr von 24,7 mm Durchmesser von 10,323 m Länge, in Geschwindigkeitsgrenzen 0,136 bis 0,429 m/Sek. aus. Dieselben sind insofern wertvoller wie die Weisbachschen, als die Anzahl der Versuche größer und Versuchslänge des Rohres entsprechender war, der bei Weisbach unter 1. gerügte Fehler haftet auch diesen Versuchen an.

Die ersten, in großem Maßstabe ausgeführten, für die Praxis bedeutungsvollen Versuche stammen von Darcy (20) her, welcher eigens diesem Zwecke angepaßte Versuchsstation in Chaillot bei Paris errichten ließ. Was den Umfang und die Planmäßigkeit der Versuche anbetrifft, so stehen dieselben bis heute — wenigstens für gußeiserne Rohre — unübertroffen da. In den Jahren 1849 bis 1851 wurden 198 Versuche an schmiedeeisernen, bleiernen, Blech-, Glas- und gußeisernen Röhren ausgeführt. Die Versuchslänge betrug (mit Ausnahme von Blei- und Glasröhren) über 100 m. Die Durchmesser wurden mit peinlichster Genauigkeit sowohl mit Wasserfüllungsmethode wie auch durch unmittelbare Messungen ermittelt. Geschwindigkeiten wurden mittels Messungen der Wassermengen in den Sammelgefäßen berechnet und betrugen 0,03 bis 6 m/Sek. Zur Messung von Drücken verwendete Darcy Piesometer, welche an fünf Stellen angebracht wurden, und zwar an dem Speisegefäß, mit regulierbarem Wasserstand, beim Eintritt in das Rohr, in einem gewissen Abstand vom Eintritt, wo der Einfluß der Kontraktion aufhörte, endlich in Abständen von 50 und 100 m von dem letzten Punkte. Darcy gehört das Verdienst, überzeugend nachgewiesen zu haben, daß das Material des Rohres und der Zustand der inneren Oberfläche einen bedeutenden Einfluß auf die Größe des Druckverlustes ausübt. Er konnte dies feststellen, nachdem er dasselbe Rohr einmal mit innerer Ablagerung an den Rohrwänden, dann aber gereinigt untersuchte, und beide Male andere Werte der Druckverluste erhielt. Von seinen Versuchen wurden folgende für unsere Zwecke benutzt:

13 Versuche an einem schmiedeeisernen Rohre von 12,2 mm Durchmesser,

13 Versuche an einem schmiedeeisernen Rohre von 26,6 mm Durchmesser,

12 Versuche an einem schmiedeeisernen Rohre von 39,5 mm Durchmesser,

7 Versuche an einem gußeisernen Rohre von 35,9 mm Durchmesser (Inkrustationen),

7 Versuche an einem gußeisernen Rohre von 36,4 mm Durchmesser (dasselbe gereinigt),

6 Versuche an einem gußeisernen Rohre von 79,5 mm Durchmesser (Inkrustationen),

7 Versuche an einem gußeisernen Rohre von 80,1 mm Durchmesser (dasselbe gereinigt),

13 Versuche an einem gußeisernen Rohre von 81,1 mm Durchmesser (neu),

10 Versuche an einem gußeisernen Rohre von 137 mm Durchmesser (neu),

88 Versuche

Übertrag 88 Versuche

9 Versuche an einem gußeisernen Rohre von
188 mm Durchmesser (neu),

8 Versuche an einem gußeisernen Rohre von
243 mm Durchmesser (Inkrustationen),

8 Versuche an einem gußeisernen Rohre von
244,7 mm Durchmesser (dasselbe gereinigt),

8 Versuche an einem gußeisernen Rohre von
297 mm Durchmesser (neu),

9 Versuche an einem gußeisernen Rohre von
500 mm Durchmesser (neu),

insgesamt 130 Versuche.

In den Jahren 1869 bis 1871 führte L a m p e (46) vier
Versuche an der Wasserhauptrohrleitung in Danzig von
0,418 m Durchmesser und 14 123 m Länge. Wassermengen
wurden in den Behältern, Drücke an 20 Stellen gemessen. Wie
L a m p e behauptet, wurden die Versuche nach 5 Jahren
wiederholt und zeigten keine Abweichungen. Die Versuche
zeichnen sich durch eine für die Praxis hinreichend große
Genauigkeit aus.

Die von I b e n (40) veröffentlichten Versuche ver-
dienen — wie der Verfasser selbst zugibt — nicht alle dasselbe Maß von Beachtung. Abgesehen von den Wiesbadener-
und der ersten Gruppe der Hamburger Versuche, bei denen
Drücke nicht genau genug gemessen wurden, haben die
zweiten Hamburger Versuche aus dem Grunde große Bedeutung, weil sie unter Bedingungen, wie sie in der Praxis vorkommen, an bestehenden und eingebauten Wasserleitungs-
rohren ausgeführt worden sind. Untersuchungen an Leitungen verschiedenen Alters haben die Darcyschen Betrachtungen vollauf bestätigt. Die Hamburger Versuche umfassen

16 Versuche an gußeisernen Rohren von 102 mm
Durchmesser,

32 Versuche an gußeisernen Rohren von 152 mm
Durchmesser,

72 Versuche an gußeisernen Rohren von 305 mm
Durchmesser,

12 Versuche an gußeisernen Rohren von 508 mm
Durchmesser,

insgesamt 132 Versuche.

Die ebenfalls von I b e n beschriebenen Stuttgarter Versuche zeichnen sich durch noch größere Genauigkeit aus
und enthalten:

10 Versuche an einem gußeisernen Rohr von
252 mm Durchmesser,

4 Versuche an einem gußeisernen Rohre von
202 mm Durchmesser,

20 Versuche an einem gußeisernen Rohre von
253 mm Durchmesser,

6 Versuche an einem gußeisernen Rohre von
101 mm Durchmesser,

10 Versuche an einem gußeisernen Rohre von
50 mm Durchmesser,

7 Versuche an einem schmiedeeisernen Rohre
von 25,7 mm Durchmesser,

insgesamt 57 Versuche.

Im Jahre 1855 wurden von F a n n i n g (28) 3 Versuche
an einem gußeisernen Rohr von 305 mm Durchmesser von
einem 8 Jahre lang bestehenden Wasserleitungsnetz angestellt. Nähere Angaben fehlen. Andere, in dem in
Amerika viel gebrauchten Handbuch von F a n n i n g ent-
nommene und von ihm selbst ausgeführte Versuche ver-
dienen kaum Beachtung, da sie sich mit e i n e r Messung
für ein gegebenes Rohr begnügten. Demselben Werke ent-
nehmen wir 3 Versuche am gußeisernen Rohr von 417 mm

Durchmesser, welches ebenfalls 8 Jahre in Gebrauch war,
leider fehlen auch hier nähere Angaben.

Im Jahre 1883 wurden vom englischen Physiker
O s b o r n e  R e y n o l d s (59) Versuche durchgeführt,
welche Anschauungen über die Strömung des Wassers von
Grund aus änderten, indem sie die bisher vernachlässigten
Umstände der Temperatur und der kritischen Geschwindigkeit
zum Untersuchungsgegenstand machten. Zwar hat schon
vorher P o i s e u i l l e (56) vom rein physikalischen Stand-
punkte die beiden Einflüsse analysiert, doch fehlten genaue
Versuche (die von G e r s t n e r (35) und H a g e n (37 und
38) waren fehlerhaft). Die sehr sorgfältig ausgeführten
Arbeiten von R e y n o l d s enthielten:

29 Versuche an einem Bleirohr von 12,7 mm
Durchmesser,

24 Versuche an einem Bleirohr von 6,2 mm
Durchmesser,

insgesamt 53 Versuche.

Im Jahre 1879 stellte der amerikanische Ingenieur
S t e a r n s (49) 6 Versuche an einem gußeisernen Rohr von
1,22 m Durchmesser an, die Rohrleitung gehörte der Wasserleitung in Boston, war neu und 549 m lang.

Im Jahre 1878 wurden vom amerikanischen Ingenieur
D a r r a c h (21 und 22) 28 Versuche an einem gußeisernen
Rohr von 760 mm Durchmesser ausgeführt, welches im Rohrnetz der Stadt Philadelphia eingebaut war. Hiervon beziehen sich 5 Versuche auf eine neue 1220 m lange Rohrleitung mit einem 90⁰-Bogen und einigen Krümmern, 13 Versuche auf eine neue 6160 m lange, mit Krümmern versehene
Rohrleitung, endlich 10 Versuche auf eine 9 Jahre alte und
1342 m lange Leitung.

Ebenfalls von Amerika stammen 8 Versuche an einem
gußeisernen Rohr von 508 mm Durchmesser, welche von
B r u s h (49) im Jahre 1887 an der Wasserleitung in Hacken-
sack, N. J., ausgeführt worden sind. Die Leitung war 2287 m
lang, besaß 4 rechtwinkelige Bogen und mehrere Krümmer.

In den Jahren 1889 bis 1890 untersuchte M e u n i e r (29)
eine Reihe von Wasserleitungsröhren in französischen Städten
und stellte an

9 Versuche an einem gußeisernen Rohr von
125 mm Durchmesser,

6 Versuche an einem gußeisernen Rohr von
135 mm Durchmesser,

7 Versuche an einem gußeisernen Rohr von
900 mm Durchmesser,

5 Versuche an einem gußeisernen Rohr von
600 mm Durchmesser,

4 Versuche an einem gußeisernen Rohr von
200 mm Durchmesser,

insgesamt 31 Versuche.

Die erste Leitung hatte 1468 m Gesamtlänge und be-
stand aus einem 912 m langen neuen und 556 m langen alten
Rohr, die zweite von 720 m Länge war 30 Jahre in Gebrauch,
die dritte von 960 m Länge war 1 Jahr benutzt, die vierte
5620 m lang, die letzte war 610 m lang und 2 Jahre im Gebrauch, doch war das Wasser sehr kalkhaltig und die Rohre
besaßen viel Ablagerungen. Die Versuche waren ziemlich
genau.

In den Jahren 1900 bis 1901 führte L a w f o r d (49)

5 Versuche an einem gußeisernen Rohr von
75 mm Durchmesser,

8 Versuche an einem gußeisernen Rohr von
102 mm Durchmesser,

4 Versuche an einem gußeisernen Rohr von
127 mm Durchmesser,

insgesamt 17 Versuche aus.

Die erste Leitung war 1766 m lang und 1 Jahr im Betriebe, die zweite 8789 m lang, 1 Jahr im Betrieb, unregelmäßiges Gefälle, die dritte 1568 m lang, 2 Jahre im Betrieb. L a w f o r d glaubt auch durch Messungen von Temperaturen des Wassers, der Rohrleitung, der Erde und der Luft festgestellt zu haben, daß die Temperatur keinen wesentlichen Einfluß ausübt, doch waren in dieser Beziehung seine Versuche nicht überzeugend, da er die Temperatur nicht variieren konnte.

Die von den amerikanischen Ingenieuren S a p h und S c h o d e r im Jahre 1903 veröffentlichten Versuche nehmen hinsichtlich ihrer Genauigkeit eine der ersten Stellen ein. Im hydraulischen Laboratorium der Cornell-Universität untersuchten sie Messingröhren (infolge ihrer Glattheit) von 2,7 bis 53 mm Durchmesser im Bereich der Geschwindigkeiten zwischen 0,03 bis 6,6 m/Sek., und galvanisierte Eisenröhren, wie sie in den Wasserleitungsinstallationen Anwendung finden. Insgesamt führten sie beinahe 800 Versuche an 32 Gattungen und Durchmessern aus. Von der Genauigkeit der Arbeit zeugen folgende Details. Für Verbindungen der Rohre mit Piesometern wurden besondere Konstruktionen angewendet. Um den reinen Einfluß von Stoff und Durchmesser zu erhalten, waren im Meßbereich der Drücke jegliche Rohrverbindungen vermieden. Damit die Fehler infolge von Ungleichheit der Durchmesser an den Piesometerverbindungen ausgeschaltet werden, wurden die Rohre zuerst montiert und untersucht, dann aber entgegengesetzt eingebaut und wieder gemessen. Die erste Druckmeßstelle befand sich vom Eintritt in das Rohr in einem Abstand, welcher 200 Durchmesser betrug zwecks Vermeidung von Eintrittswirbeln. Angewendet werden Wasser- und Quecksilberpiesometer mit Millimeterteilung. In allen Messungen von Gewichten, Zeiten, Wassersäulen usw. erreichte man nach Ansicht der Versuchsführer die Genauigkeit ± 0,2%, nur bei geringen Geschwindigkeiten eine solche von ± 1%. Für gute Entlüftung der Piesometerverbindungen wurde Sorge getragen. S a p h und S c h o d e r versuchten auch den Einfluß der Temperatur festzustellen, doch ist es zu bedauern, daß sie sich nur mit 3 Graden von Temperatur (4, 13 und 21⁰ C) begnügten, wodurch sie den besagten Einfluß nicht klar genug hervorheben konnten. Ihre Untersuchungen enthalten:

 38 Versuche an einem Messingrohr von 53 mm Durchmesser,
 39 Versuche an einem Messingrohr von 38 mm Durchmesser,
 37 Versuche an einem Messingrohr von 31 mm Durchmesser,
 33 Versuche an einem Messingrohr von 27 mm Durchmesser,
 39 Versuche an einem Messingrohr von 21 mm Durchmesser,
 38 Versuche an einem Messingrohr von 16 mm Durchmesser,
 39 Versuche an einem Messingrohr von 13 mm Durchmesser,
 39 Versuche an einem Messingrohr von 10 mm Durchmesser,
 34 Versuche an einem Messingrohr von 8 mm Durchmesser,
 33 Versuche an einem Messingrohr von 7 mm Durchmesser,
 41 Versuche an einem Messingrohr von 6,6 mm Durchmesser,
 40 Versuche an einem Messingrohr von 5,6 mm Durchmesser,
 34 Versuche an einem Messingrohr von 4,5 mm Durchmesser,
Übertrag 484 Versuche

Übertrag 484 Versuche
 57 Versuche an einem Messingrohr von 3,8 mm Durchmesser,
 58 Versuche an einem Messingrohr von 2,7 mm Durchmesser,
 22 Versuche an einem schmiedeeisernen Rohr von 26 mm Durchmesser,
 20 Versuche an einem schmiedeeisernen Rohr von 22 mm Durchmesser,
 22 Versuche an einem schmiedeeisernen Rohr von 16 mm Durchmesser,
 21 Versuche an einem schmiedeeisernen Rohr von 12 mm Durchmesser,
 27 Versuche an einem schmiedeeisernen Rohr von 9 mm Durchmesser,
insgesamt 711 Versuche.

Im Jahre 1903 führte G. H. F e n k e l l (68, S. 325) 8 Versuche an einem gußeisernen Rohre von 1,524 m Durchmesser aus. Das Rohr war in eine Heberleitung eingebaut, welche Wasser der Pumpstation zuführte, 8 Jahre im Betriebe, Wasser von guter Beschaffenheit, an der inneren Rohroberfläche waren geringe Ablagerungen zu bemerken. Geschwindigkeiten wurden durch Volumenmessungen an Pumpen ermittelt, wobei der Undichtigkeitsgrad der Maschine zu 5% angenommen wurde.

Gleichzeitig mit S a p h - S c h o d e r untersuchten den Einfluß der Temperatur, doch genauer wie jene, englische Ingenieure C o k e r und C l e m e n t (19) mit besonderer Berücksichtigung von kritischen Geschwindigkeiten. Die Methode der Versuche war derjenigen von R e y n o l d s nachgeahmt und in manchen Punkten vervollkommnet. Als Grundlage diente nur ein Messingrohr von 9,7 mm Durchmesser und 1,83 m Länge. Infolge der Druckschwankungen in der Nähe der kritischen Geschwindigkeiten wurden Druckmessungen mit besonderer Genauigkeit (Ablesungen zu $\frac{1}{100}$ mm) ausgeführt. Die Temperatur variierte zwischen 4 und 50⁰ C und wurden die Versuche durchschnittlich bei 9 Temperaturintervallen (4, 11, 18, 27, 31, 34, 37, 42, 50⁰ C) unternommen. Insgesamt umfassen die C o k e r - C l e m e n t schen Arbeiten 125 Versuche, davon 71 vor und 54 nach kritischer Geschwindigkeit.

Im Jahre 1909 wurden von S c h o d e r (69) in dem hydraulischen Laboratorium der Cornell-Universität 10 Versuche an einem schmiedeeisernen Rohr von 154,3 mm Durchmesser mit großer Genauigkeit ausgeführt. Dieselbe Genauigkeit zeichnet die von D a v i s (69) in demselben Jahre in dem hydraulischen Laboratorium der Universität in Visconsin (Nordamerika) ausgeführten 42 Versuche an einem schmiedeeisernen Rohr von 152,4 mm Durchmesser aus.

Im Jahre 1913 wurden die bedeutungsvollen Versuche von B r a b b é e (13) veröffentlicht, welche hinsichtlich ihrer Genauigkeit und Planmäßigkeit den Höhepunkt aller bisherigen Leistungen darstellen. Da sie den Lesern des »Gesundh.-Ing.« als wohlbekannt anzunehmen sind, verweisen wir betreffend die Beschreibung der Versuche auf das Literaturverzeichnis und begnügen uns hier mit der Bemerkung, daß alle Messungen mit Genauigkeit von ± 1% durchgeführt worden sind. Die B r a b b é e schen Arbeiten umfassen insgesamt 428 Versuche über schmiedeeiserne Muffen- und Siederohre von 15 bis 130 mm Durchmesser, wobei die Temperatur zwischen 15 und 90⁰ C variierte.

Quantitativ ist also unser Versuchsmaterial — wie wir sehen — trotz der Verschiedenartigkeit sehr reichhaltig, es enthält, abgesehen von den 51 ältesten Versuchen, im ganzen 1760 Versuche. Vor ihrer Auswertung wenden wir uns der kritischen Besprechung der bisher aufgestellten Formeln zu.

## II. Übersicht der Formeln.

Um den Vergleich zwischen verschiedenen Formeln zu erleichtern, wollen wir im folgenden stets die Bezeichnungen anwenden:

$l$ = die Länge der Rohrleitung in m,

$d$ = der lichte Durchmesser der Rohrleitung in $m$,

$h$ = der Druckverlust auf der Länge von $l\,m$ in m Wassersäule,

$v$ = die Geschwindigkeit des Wassers in m/Sek.,

$Q$ = die Menge des durchströmenden Wassers in cbm/Sek.

Die erste in der Praxis oft angewendete Formel war diejenige von P r o n y (54, 55)

$$\frac{h}{l} = (0{,}0000692\,v + 0{,}001392\,v^2)\frac{1}{d} \quad \ldots \quad 3)$$

Sie wurde von 51 Versuchen von B o s s u t , D u b u a t und C o u p l e t abgeleitet. Heute ist sie aus zwei Gründen nicht verwendbar: 1. Die Versuche sind nicht nur ungenau aber enthalten auch viel zu mannigfaches Material (Blei-, Zinkblech-, altes gußeisernes Rohr), um mit einer Formel erfaßt werden zu können. 2. Die Konstanz der Koeffizienten, ohne daß die Rauheit der Wand berücksichtigt wurde, entsprang die noch heute hie und da anzutreffenden Ansicht von P r o n y , daß die Beschaffenheit der inneren Wandflächen ohne Einfluß bleibt, weil die Wasserteilchen, welche an ihr haften bleiben, selber eine Art von Wand für das durchströmende Wasser bilden. Wir finden aber nirgends Begründung dieser Ansicht.

Auf Grund derselben Versuche wurde die Formel von E y t e l w e i n (27)

$$\frac{h}{l} = (0{,}000089432\,v + 0{,}0011212\,v^2)\frac{1}{d} \quad \ldots \quad 4)$$

aufgestellt. Sie unterscheidet sich von der P r o n y schen nur dadurch, daß sie den Einfluß der Kontraktion beim Eintritt des Wassers in das Rohr berücksichtigt, was jene nicht tut, sonst teilt sie mit ihr dieselben Mängel.

Auf derselben Grundlage wurden die Formeln von d ' A u b u i s s o n (1):

$$\frac{h}{l} = 0{,}001435\,\frac{v^2}{d} \quad \ldots \ldots \quad 5)$$

und von D u p u i t

$$\frac{h}{l} = 0{,}001578\,\frac{v^2}{d} \quad \ldots \ldots \quad 6)$$

aufgestellt, nur daß die beiden das erste Glied der P r o n y schen Formel vernachlässigten. Die letzte ist übrigens fast identisch mit der ältesten, von C h e z y (1775) für Kanäle aufgestellten Formel:

$$\frac{h}{l} = \frac{4}{c^2}\,\frac{v^2}{d},$$

welche für den Koeffizienten

$$c = 50{,}93$$

ebenfalls

$$\frac{h}{l} = 0{,}00154\,\frac{v^2}{d}$$

ergibt.

Die Formel von P o i s e u i l l e (56) wurde zwar auf Grund von rein physikalischen Betrachtungen und Versuchen an Kapillarröhren aufgestellt, doch besitzt sie für uns große Wichtigkeit, weil sie zum erstenmal auf den bisher vernachlässigten Faktor der Temperatur hinweist. P o i s e u i l l e sucht diesem Einfluß durch Einführung des sog. Zähigkeitskoeffizienten des Wassers, der hauptsächlich von der Temperatur abhängig ist, gerecht zu werden, was für alle späteren Formeln vorbildlich wurde. Seine, durch H a g e n b a c h (39) theoretisch begründete Formel lautet:

$$\frac{h}{l} = \frac{8\,v}{981\,r^2}\left(\frac{\eta}{\gamma}\right) = \frac{32\,v}{d^2}\left(\frac{\eta}{\gamma}\right) \quad \ldots \ldots \quad 7)$$

worin bedeutet

$h$ = den Druckverlust in cm WS.,

$l$ = die Länge der Rohrleitung in cm,

$d = 2r$ = den Durchmesser in cm,

$v$ = die Geschwindigkeit in cm/Sek.,

$\eta$ = den Zähigkeitskoeffizienten in qcm/Sek.,

$\gamma$ = das Gewicht von 1 cbm Wasser in g.

Wird alles in Metern ausgedrückt, mit Ausnahme von $\eta$ und $\gamma$ (die in cm bleiben), so lautet die P o i s e u i l l e sche Formel:

$$\frac{h}{l} = 0{,}0003261\left(\frac{\eta}{\gamma}\right)\frac{v}{d^2} \quad \ldots \ldots \quad 7\,a)$$

worin für $\eta$

$$\eta = \frac{0{,}01775}{1 + 0{,}0331\,t + 0{,}000244\,t^2}$$

anzunehmen ist, wenn $t$ die Temperatur des Wassers in $^0$ C bedeutet. Die Wichtigkeit der P o i s e u i l l e schen Gleichung liegt darin, daß sie als Muster einer Formel für die Strömung des Wassers in den Röhren dienen kann: der Druckverlust soll als Funktion von drei Variabeln: Geschwindigkeit, Durchmesser und Temperatur dargestellt werden, wobei der Einfluß von Material und Rauheit durch entsprechenden Wert von Koeffizienten ausgedrückt wird.

Ebenso unbeachtet wie die P o i s e u i l l e sche Formel blieb der richtige Weg, welchen der französische Hydrauliker d e S a i n t - V e n a n t eingeschlagen hat. Alle seine Vorgänger gingen von der Formel aus

$$\frac{h}{l} = a\,v + b\,v^2,$$

weil sie behaupteten, das erste Glied stelle die Geschwindigkeits-, das zweite aber die Widerstandshöhe dar. Tatsächlich bildet obige Gleichung nichts anderes als einen Teil der Potenzreihe

$$f(a) = a\,x + b\,x^2 + c\,x^3 + \cdots$$

durch welche bekanntlich jede beliebige Funktion um so genauer dargestellt werden kann, je mehr Glieder berücksichtigt werden. Dafür hat diese Gestalt den für den praktischen Gebrauch wichtigen Nachteil, daß sie der Rechnung mittels Logarithmen unzugänglich ist. d e S a i n t - V e n a n t ging von der Gleichung aus

$$\left(\frac{h}{l}\right) = m\,v^n,$$

wo die Koeffizienten $m$ und $n$ aus den Versuchen zu ermitteln waren. Diese Ermittelung ist aber um so leichter und kann um so genauer als in der ersten Formel vor sich gehen, da wir durch Anwendung von Logarithmen die lineare Gleichung

$$\log\left(\frac{h}{l}\right) = n \cdot \log v + \log m$$

erhalten, also eine gerade Linie, die auf der Ordinatenachse den Abstand $m$ schneidet und mit der positiven Abszissenachse den Winkel $n = \mathrm{tg}\,\alpha$ bildet. Die auf solche Weise von den 51 erwähnten Versuchen abgeleitete S a i n t - V e n a n t sche Formel lautet:

$$\frac{h}{l} = 0{,}001182\,\frac{v^{1{,}71}}{d} \quad \ldots \ldots \quad 8)$$

Obwohl die experimentelle Grundlage, auf welcher diese Formel aufgebaut war, deren allgemeine Anwendung nicht zuließ, so gebührt doch d e S a i n t - V e n a n t das Verdienst, den richtigen Weg zur Auswertung der Versuche gezeigt zu haben.

Doch — wie gesagt — blieb er lange Zeit unbeachtet, und W e i s b a c h ging von der Voraussetzung seiner Vorgänger

$$\frac{h}{l} = \zeta\,\frac{v^2}{2g} \cdot \frac{1}{d}$$

aus, glaubte aber eine bessere Übereinstimmung mit den Versuchen dadurch zu erlangen, daß er den Koeffizienten $\zeta$ von der Geschwindigkeit abhängig machte

$$\zeta = a + \frac{\beta}{\sqrt{v}}.$$

Die bekannte Weisbachsche Formel lautet also

$$\frac{h}{l} = \left(0,01439 + \frac{0,0094711}{\sqrt{v}}\right) \frac{1}{d} \cdot \frac{v^2}{2g} \quad \ldots \quad 9)$$

Sie hat folgende Nachteile: 1. sie ist auf Grund der 51 bereits besprochenen Versuche und der eigenen 20 Versuche von Weisbach, deren Wert bereits im Abschnitt I analysiert war, aufgestellt worden. Beide Versuchsgruppen sind fast wertlos. 2. Die Übereinstimmung zwischen der Formel und den Versuchen ist keine große, Fehler zu $\pm 14\%$ kommen vor, was doch angesichts der geringen Anzahl keine gut angepaßte Formel bezeichnet. Es ist also nur zu verwundern, daß die Weisbachsche Formel so allgemeine Verbreitung gefunden hat. Daß sie mit ihrer Voraussetzung (Proportionalität dem Quadrat der Geschwindigkeit) nicht übereinstimmt, beweist der Umstand, daß sie sich umformen läßt in Gestalt

$$\frac{h}{l} = 0,000733 \frac{v^2}{d} + 0,000483 \frac{v^{1,5}}{d} \quad \ldots \quad 9\text{a})$$

Auf Grund seiner eigenen Versuche hat Zeuner (85) die Weisbachsche Formel unbedeutend umgeändert, so daß seine Formel lautet:

$$\frac{h}{l} = \left(0,01432 + \frac{0,010327}{\sqrt{v}}\right) \frac{1}{d} \frac{v^2}{2g} \quad \ldots \quad 10)$$

sonst bezieht sich auf sie das über Weisbach Gesagte.

Die grundlegenden Versuche von Darcy erlaubten ihm bei Aufstellung seiner Formel die früheren Versuche gänzlich zu übergehen. Um die Berechtigung der allgemeinen Formel $\frac{h}{l} = (av + bv^2) \frac{1}{d}$ zu prüfen, änderte er sie in $\left(\frac{h}{l}\right) \cdot \frac{d}{v} = a + bv$ um, berechnete für alle Versuche die Werte von $\left(\frac{h}{l}\right) \cdot \frac{d}{v}$ und stellte sie graphisch als Funktionen der Geschwindigkeit, wobei er immer fast gerade Linien erhielt, dar. Demzufolge lautet seine Formel

für neue Röhren

$$\frac{h}{l} = \left(\frac{0,001014}{d} + \frac{0,00002588}{d^2}\right) v^2$$

für alte Röhren

$$\frac{h}{l} = \left(\frac{0,002028}{d} + \frac{0,00005176}{d^2}\right) v^2 \quad \ldots \quad 11)$$

Nach der ersten Gleichung verfertigte Darcy Tabellen für Durchmesser von 0,01 bis 1 m und für Geschwindigkeiten von 0,1 bis 3 m/Sek. — Wenn auch die Darcysche Formel alle früheren übertrifft, so kann man ihr doch vorwerfen, daß sie den Einfluß des Rohrstoffes nicht genügend berücksichtigt, weil ihre Koeffizienten von den Versuchen aus mannigfaltigstem Material wie Blei, Glas, Blech, Guß- und Schmiedeeisen abgeleitet worden sind. Außerdem brauchte noch die Annahme, daß die gebrauchten Röhren einen zweimal so großen Widerstand leisten wie die neuen, eine experimentelle Begründung.

Die Versuche von Darcy gaben zur Entstehung vieler anderen Formeln Anlaß. Lévy (47, 48) trat mit der Formel auf:

für neue Röhren

$$\left(\frac{v}{20,5}\right)^2 = \left(\frac{h}{l}\right) \cdot \frac{d}{2}\left(1 + 3\sqrt{\frac{d}{2}}\right)$$

für gebrauchte Röhren

$$\left(\frac{v}{36,4}\right)^2 = \left(\frac{h}{l}\right) \cdot \frac{d}{2}\left(1 + \sqrt{\frac{d}{2}}\right) \quad \ldots \quad 12)$$

Obwohl diese Formel durch theoretische Betrachtungen unterstützt wird, hat sie für den praktischen Gebrauch keinen Vorteil gegenüber der Darcyschen, 1. weil sie mit den Versuchen an den kleineren Röhren nicht gut übereinstimmt, 2. sie hat eine für praktische Berechnungen sehr unbequeme Gestalt.

Auf eine ziemlich willkürliche Weise wählte Gauchler (32) von allen Versuchen von Darcy nur 56, auf Grund deren er die Formel

$$\sqrt{v} + \frac{1}{4} d \sqrt[3]{v} = a \sqrt[3]{d} \sqrt[4]{\left(\frac{h}{l}\right)} \quad \ldots \quad 13)$$

aufstellte, worin

$a = 6,625$ für neue gußeiserne Röhren,
$a = 5,5$ für alte gußeiserne Röhren,
$a = 6,4$ für schmiedeeiserne Röhren.

Diese Formel besitzt folgende Nachteile: 1. stützt sich auf einer geringeren Anzahl von Versuchen, 2. ist für den praktischen Gebrauch unbequem.

Ebenso willkürlich verfuhr Hagen (37, 38), welcher von Darcyschen Versuchen 87 auswählte, auf Grund deren er, einschließlich seiner eigenen Versuche an Röhren von 12, 19 und 26 mm Durchmesser, die Formel aufstellte

$$\frac{h}{l} = \frac{a}{d} v + \frac{a}{d^2} v^2,$$

worin

$a = 0,0012017$
$b = 0,000005871 - 0,000000267\, T$
$\qquad + 0,00000000735\, T^2$

$\qquad \qquad \ldots 14)$

(T bedeutet die Temperatur in Grad Réaumur.) Außer seiner unbequemen Gestalt hat sie folgende Nachteile: 1. die von Hagen durchgeführten Versuche waren ungenau, weil der Verlust beim Eintritt in das Rohr mitgemessen wurde, 2. Abweichungen der Formel von den Darcyschen Versuchen erreichen $\pm 68\%$, während sie durchschnittlich $10\%$ betragen.

Aus seinen 4 Danziger Versuchen leitete Lampe (46) die Formel ab

$$\frac{h}{l} = 0,0008289 \frac{v^{1,802}}{d^{1,25}} \quad \ldots \quad 15)$$

Wenn auch die experimentelle Grundlage zu gering ist, so gehört doch Lampe das Verdienst, als erster den von Saint-Venant gezeigten Weg gewählt zu haben.

Der bekannte amerikanische Fachmann Fanning (28) ging von der Voraussetzung aus

$$\frac{h}{l} = m \frac{v^2}{d}$$

und ermittelte $m$ auf Grund von 128 ausgewählten Versuchen von Darcy, Smith, Bossut, Dubnat, Couplet, Provis, Rennie und eigenen Versuchen. Seine für den praktischen Gebrauch umfangreich angelegten Tabellen enthalten den Wert des Koeffizienten $m$ als abhängig von verschiedenen Durchmessern und Geschwindigkeiten, doch befindet sich im Text keine Angabe wie diese Werte ermittelt wurden. Er leitete folgende Formeln ab:

für neue Röhren

$$\frac{h}{l} = 0,001312 \frac{v^2}{d}$$

für sehr gebrauchte Röhren

$$\frac{h}{l} = 0,002443 \frac{v^2}{d} \qquad \ldots \ldots 16)$$

Die Formeln haben folgende Nachteile: 1. Der Koeffizient $m$ hat einen konstanten Wert, während die Versuche die Abhängigkeit desselben vom Durchmesser und Geschwindigkeit nachweisen. 2. Sie stimmen nicht mit den Tabellen von Fanning überein. 3. Die an englischen Wasserleitungen durchgeführten Versuche haben einen sehr geringen

Wert, weil der Druckverlust nur für e i n e Geschwindigkeit gemessen wurde.

F r a n k (32) stellte auf Grund von 190 Versuchen von den Wasserwerksdirektionen in Hamburg und Stuttgart, von F a n n i n g und ausgewählten Versuchen von D a r c y die Formel auf:

für neue gußeiserne Rohre
$$\frac{h}{l} = \left(0,000512 + \frac{0,0003847}{\sqrt{d}}\right)\frac{v^2}{d}$$
für gebrauchte gußeiserne Rohre
$$\frac{h}{l} = \left(0,000495 + \frac{0,000652}{\sqrt{d}}\right)\frac{v^2}{d} \quad \Bigg\} \quad \dots \ 17)$$

Nach diesen Gleichungen wurden von F r a n k auch logarithmographische Tabellen berechnet. Ihr Nachteil ist darin zu sehen, daß insbesondere für die erste Gleichung die Versuche von D a r c y keine Berücksichtigung gefunden haben.

Auf rationellste Weise hat R e y n o l d s die Versuche von D a r c y ausgewertet, der auf Grund der logarithmischen Diagramme die Formeln erhielt

für neue gußeiserne Rohre
$$\frac{h}{l} = 0,0009339 \frac{v^{1,85}}{d^{1,25}}$$
für gebrauchte gußeiserne Rohre
$$\frac{h}{l} = 0,00219 \frac{v^2}{d} \quad \Bigg\} \quad \dots \ 10)$$

Es ist nur zu bedauern, daß auch die Hamburger und Stuttgarter Versuche von ihm nicht ausgewertet wurden, was die Gültigkeit seiner Formeln beeinträchtigen mußte.

Oft wird die Formel von G a n g u i l l e t u n d K u t t e r (35, 42) für Röhren angewendet. Sie lautet

$$v = c \sqrt{\frac{d}{4} \cdot \frac{h}{l}}$$

$$c = \frac{23 + \dfrac{0,00155}{\left(\dfrac{h}{l}\right)} + \dfrac{1}{n}}{1 + \left(23 + \dfrac{0,00155}{\left(\dfrac{h}{l}\right)}\right)\dfrac{2\,n}{\sqrt{d}}} \quad \dots \ 19)$$

worin $n$ einen vom Rohrstoff abhängigen Koeffizienten bedeutet. Trotz sorgfältiger Nachsuchungen ist uns nicht gelungen, eine Begründung der Anwendung dieser für Kanäle und Flüsse aufgestellten Formel auch auf Rohrleitungen zu finden. Bekanntlich haben G a n g u i l l e t u n d K u t t e r dieselbe durch Umformung der B a z i n schen Gleichung und Auswertung der ausschließlich an Kanälen und Flüssen unternommenen Versuche erhalten. Die Anhänger der Formel waren also gezwungen für neue gußeiserne Leitungen denselben Wert von $m$ anzunehmen, welchen G a n g u i l l e t - K u t t e r für gehobeltes Holz und Zement gefunden haben, d. i. $m = 0,010$, für gebrauchte Rohre aber $m = 0,013$ (nach G a n g u i l l e t - K u t t e r dasselbe für gut gefügte Bausteine). Die Gleichungen 19) lassen sich umformen in:

$$\frac{h}{l} = \left(\frac{0,0003997}{d} + \frac{0,0003997}{d^{1,5}} + \frac{0,00009998}{d^2}\right)v^2$$
$$\frac{h}{l} = \left(\frac{0,0003997}{d} + \frac{0,0002399}{d^{1,5}} + \frac{0,0003602}{d^2}\right)v^2 \quad \Bigg\} \ 19\,a)$$

Ihre Nachteile liegen klar auf der Hand: 1. Sie sind auf Grund von Versuchen an Flüssen und Kanälen und keinen Rohrleitungen aufgestellt worden. 2. Die Annahme, daß die Rauheit der Rohrleitung dieselbe ist wie die von Zement oder Backstein, ist willkürlich und nicht begründet. 3. Sie haben eine für den praktischen Gebrauch äußerst unbequeme Gestalt.

Auf Grund von eigenen Versuchen hat H. S m i t h (63, 64) die Gleichung aufgestellt:

$$\frac{h}{l} = 0,0002799 \frac{v^2}{d} \quad \dots \ 20)$$

Leider waren uns die Arbeiten von S m i t h im Original nicht zugänglich, wir verfügten nur über einen sehr ungenauen Auszug (65); soweit sich aus demselben ersehen ließ, umfaßten die Versuche hauptsächlich Glas- und Holzrohre, wenige schmiedeeiserne und keine gußeisernen Rohre.

In England wird oft die Formel von U n w i n angewendet, die nach dem Bericht von L a w f o r d (49) lautet:

$$\frac{h}{l} = 0,0006499 \frac{v^{1,85}}{d^{1,127}} \quad \dots \ 21)$$

Auch die U n w i n schen Arbeiten waren uns unbekannt, und was wir in der Literatur darüber gefunden haben, war ungenau.

L u e g e r (44, 45) geht in seinem vielgebrauchten Handbuch von der G a n g u i l l e t - K u t t e r schen Formel in einer von K u t t e r selbst vereinfachten Form aus

$$\frac{h}{l} = 4\left(\frac{m + \sqrt{r}}{100\,\sqrt{r}}\right)^2 \frac{v^2}{d} \quad \dots \ 22)$$

worin bedeuten

$$r = \frac{d}{4}$$

$m =$ einen Rauheitskoeffizienten.

Er nimmt an, daß die Reibung in gebrauchten Wasserrohrleitungen dieselbe wie diejenige in Zementröhren oder in Backsteinmauerwerken, wofür K u t t e r $m = 0,25$ gefunden hat. Die ungeformte Gleichung von L u e g e r lautet

$$\frac{h}{l} = \left(\frac{0,0001}{d^2} + \frac{0,0004}{d^{1,5}} + \frac{0,0004}{d}\right)v^2 \quad \dots \ 22\,a)$$

Ihre Nachteile sind dieselben wie die der G a n g u i l l e t - K u t t e r schen Formel, weil sie nur eine Modifikation der letzteren ist. 1. Die Versuche an Wasserrohrleitungen wurden hier gar nicht berücksichtigt. 2. Die Annahme, daß der Reibungswiderstand eines gebrauchten gußeisernen Rohres demjenigen von Zement oder Backstein gleicht, ist willkürlich und unbegründet.

Viel zweckmäßiger ist das Verfahren von F l a m a n t (29, 30), welcher zuerst das gesamte ihm zugängliche Versuchsmaterial sammelte und ordnete. In der Auswertung der Versuche nimmt er zwar ebenfalls an, daß der Reibungswiderstand dem Quadrat der Geschwindigkeit proportional sei, und setzt

$$\frac{h}{l} = 4\,b\,\frac{v^2}{d},$$

doch führt ihn die graphische Darstellung der Versuche zum Ergebnis, daß der Koeffizient $b$ von Durchmesser und Geschwindigkeit abhängig ist, und zwar in der Form

$$b = \frac{a}{\sqrt[4]{d \cdot v}},$$

worin $a$ einen von Rohrstoff abhängigen Koeffizienten bedeutet, welcher beträgt

$a = 0,000155$ für schmiedeeiserne Röhren,
$a = 0,000185$ für neue gußeiserne Röhren,
$a = 0,00023$ für gebrauchte gußeiserne Röhren.

Im ganzen nimmt also die F l a m a n t sche Formel folgende Gestalt an

$$\frac{h}{l} = \frac{4\,a}{\sqrt[4]{v \cdot d}}\,\frac{v^2}{d} \quad \dots \ 23)$$

oder umgeformt

für schmiedeeiserne Rohre

$$\left.\begin{aligned}
\frac{h}{l} &= 0,00062\,\frac{v^{1,75}}{d^{1,25}} \\[4pt]
\text{für neue gußeiserne Rohre} \\[2pt]
\frac{h}{l} &= 0,00074\,\frac{v^{1,75}}{d^{1,25}} \\[4pt]
\text{für gebrauchte gußeiserne Rohre} \\[2pt]
\frac{h}{l} &= 0,00092\,\frac{v^{1,75}}{d^{1,25}}
\end{aligned}\right\} \quad \dots \dots 23\,a)$$

Das Verfahren von F l a m a n t ist insoferne charakteristisch, daß es, obwohl auf der Annahme gestützt, daß der Reibungswiderstand dem Quadrat der Geschwindigkeit proportional sei, doch schließlich zum Ergebnis führt, daß er in Wirklichkeit proportional zur 1,75 Potenz derselben ist. Sonst ist der Formel nichts vorzuwerfen, sie berücksichtigt das ganze damals zugängliche Versuchsmaterial, heutzutage, nachdem das letzte reicher geworden war, muß sie einer anderen Formel weichen.

C h r i s t e n (18) verfuhr folgendermaßen: Er fand, daß die Versuche von B a z i n an den Kanälen sich ziemlich genau durch die Formel

$$v = \frac{k_1}{\sqrt[4]{B}}\,\sqrt[3]{Q \cdot \frac{h}{l}},$$

darstellen lassen, worin $B$ = die Breite des Kanals in m, $k$ = den Koeffizienten bedeutet. Er übertrug also die Formel auf Rohrleitungen und benutzte die Versuche von D u b u a t, D a r c y, Weisbach, Fanning, I b e n (im ganzen 116 Versuche). Es zeigte sich

$$v = \frac{h}{\sqrt[4]{\frac{d}{2}}}\,\sqrt[3]{Q \cdot \frac{h}{l}}$$

oder

$$v = m\,\sqrt{\frac{h}{l}}\,\sqrt[3]{\left(\frac{d}{2}\right)^5} \quad \dots \dots 24)$$

worin

$m = 62,8$ für schmiedeeiserne Rohre,
$m = 48,9$ für neue gußeiserne Rohre,
$m = 38,5$ für gebrauchte gußeiserne Rohre.

Die Gleichungen von C h r i s t e n lassen sich umformen in:

für schmiedeeiserne Rohre

$$\left.\begin{aligned}
\frac{h}{l} &= 0,000603\,\frac{v^2}{d^{1,25}} \\[4pt]
\text{für neue gußeiserne Rohre} \\[2pt]
\frac{h}{l} &= 0,0009947\,\frac{v^2}{d^{1,25}} \\[4pt]
\text{für gebrauchte gußeiserne Rohre} \\[2pt]
\frac{h}{l} &= 0,001604\,\frac{v^2}{d^{1,25}}
\end{aligned}\right\} \quad \dots \dots 24\,a)$$

Ihre Nachteile sind folgende: 1. Die Übereinstimmung mit den ausgewählten 116 Versuchen ist nicht allzu groß, da die Abweichungen 20% erreichen. 2. Die Auswahl der benutzten Versuche ist willkürlich. C h r i s t e n selbst erwähnt 108 Versuche, die er als anormal bezeichnet, und welche mit seiner Formel nicht stimmen. Diesen Umstand erklärt er durch den Luftgehalt des Wassers, welcher die Versuchsergebnisse beeinflußt haben sollte, doch scheint diese Hypothese wenig wahrscheinlich zu sein, weil einige von den Hamburger Versuchen benutzt wurden, andere wieder nicht, und doch ist kein Grund anzunehmen, daß in demselben Wasser fast zu derselben Zeit das einemal mehr, das andere weniger Luft vorhanden war, wenigstens verfügt C h r i s t e n über keinen Beweis darüber. Es drängt sich der Verdacht auf, daß C h r i s t e n alle mit seiner an den Kanälen er-

probten Formel nicht übereinstimmenden Versuche von vornherein als »anormale« von seinen Betrachtungen ausgeschlossen hatte. Daß solches Verfahren unhaltbar ist, liegt auf der Hand.

Auf eine gänzlich fehlerfreie Weise haben S a p h und S c h o d e r sowohl ihre eigenen als auch die Versuche von D a r c y, Fitz-Gerald, S t e a r n s, Smith, W i l l i a m s, A d a m s, C o f f i n u. a. ausgewertet, indem sie nach der Methode von S a i n t - V e n a n t die logarithmisch-graphische Darstellung benutzten. Ihre Formeln sind

für neue Rohre

$$\left.\begin{aligned}
\frac{h}{l} &= 0,0005361\,\frac{v^{1,74}}{d^{1,25}} \\[4pt]
\text{für gebrauchte Rohre} \\[2pt]
\frac{h}{l} &= 0,0006311\,\frac{v^2}{d^{1,25}}
\end{aligned}\right\} \quad \dots \dots 25)$$

wobei die zwischen 1,74 und 2 liegenden Pozenzen von $v$ den mittleren Rauheitsgraden entsprechen.

Aber auch gegen diese Formeln machen sich folgende Einwände geltend: 1. Das Versuchsmaterial ist ungenügend, weil die wichtigen in Hamburg und Stuttgart durchgeführten Versuche außer acht gelassen wurden. 2. Sie beziehen sich zwar auf jeden Rohrstoff, und finden sich in den von S a p h - S c h o d e r benutzten Versuchen alle Arten von Röhren, jedoch waren auf 686 Versuche 519 an Messingröhren durchgeführt, so daß sich der Einfluß des am meisten gebrauchten Stoffes, d. i. des Eisens, nicht entsprechend bemerkbar machen konnte. 3. Der Einfluß der Temperatur ist nicht genügend berücksichtigt. Außer R e y n o l d s und H a g e n waren S a p h - S c h o d e r die einzigen, die diesem Faktor Rechnung getragen haben, ihre Schlußfolgerung aber, daß die Druckverluste um 4% auf jeden 10° F Temperaturzuwachs abnehmen, ist nicht stichhaltig infolge des geringen Temperaturbereiches, in welchem ihre Versuche durchgeführt waren (s. auch Abschnitt I).

B o d a s z e w s k i (10) leitet aus der H e l m h o l t z - N e u m a n n schen Theorie die Formel ab

$$Q = \pi \left\{\sqrt{A^2 + B^2} = B - B \cdot \ln \frac{\sqrt{A^2 + B^2} + B}{2\,B}\right\}$$

worin

$$\left.\begin{aligned}
A &= \sqrt{2\,g\,h\,R^4} \\
B &= 4\,g\,\eta\,l
\end{aligned}\right\} \quad 26)$$

Sie ist völlig unbrauchbar, weil 1. sie die Berechnung der Wassermenge gestattet, wenn Durchmesser und Druckverlust gegeben sind, nicht aber die Berechnung von Druckverlust oder Geschwindigkeit, 2. sie rein theoretisch und durch keinen Versuch gestützt ist.

Auch P f a r r (57) geht von der Annahme aus, daß der Druckverlust proportional zum Quadrat der Geschwindigkeit ist (obwohl er scheinbar seine Gleichung auf andere Weise ableitet).

$$\frac{h}{l} = \frac{4\,\lambda}{\gamma}\,\frac{v^2}{d} \quad \dots \dots \text{a)}$$

Er setzt darin $d$ und $v$ als Funktion der Wassermenge $Q$ ausgedrückt, ein

$$d = \frac{2}{\sqrt{\pi}}\,\sqrt{\frac{Q}{v}} \qquad v = 2\,\sqrt{\pi}\,\sqrt{\frac{Q}{v}}$$

und erhält dann

$$\frac{h}{l} = \frac{2\,\lambda}{\gamma}\,\sqrt{\pi}\,\frac{v^{2,5}}{\sqrt{Q}} \quad \dots \dots \text{b)}$$

worin $\lambda$ = den Reibungskoeffizienten, $\gamma$ = das spezifische Gewicht des Wassers bedeutet. Nach der Gleichung (b) ist der Druckverlust proportional der 2,5-Potenz der Geschwindigkeit und nicht dem Quadrat, wie bisher angenommen wurde. Gegen die Gleichung (a) tritt P f a r r auf, indem er dieselbe als Grundfehler der ganzen Hydraulik ansieht, weil der Koeffizient $\frac{4\lambda}{\gamma}$ sich jeder konkreten Bestimmung entzieht. Hingegen erhält man aus Gleichung (b) nach Einsetzung von $v = 1$ m/Sek., $Q = 1$ cbm/Sek., $\gamma = 1000$ kg/cbm den Einheitsverlust in Millimetern

$$h_v = 2\lambda \gamma \pi = 3{,}545\,\lambda,$$

d. h. den Druckverlust, welcher entsteht, wenn 1 cbm Wasser in einer Sekunde das Rohr von 1 qm Querschnitt mit einer Geschwindigkeit von 1 m/Sek. durchfließt. Daraus folgt

$$\frac{h}{l} = h_v \cdot \frac{v^{2,5}}{\sqrt{Q}} \quad \ldots \ldots \ldots \text{c)}$$

Die Betrachtungen von P f a r r sind nur scheinbar richtig. Die Gleichungen a) und b) sind vollkommen identisch, wie oben gezeigt wurde, ein Gegensatz zwischen beiden ist unerfindlich. Der Koeffizient der ersten Gleichung, $\frac{4\lambda}{\gamma}$, läßt sich ebenso als einheitlicher Druckverlust darstellen, welcher entsteht, wenn das Rohr von 1 m Durchmesser mit einer Geschwindigkeit von 1 m/Sek. durchströmt wird. Nun besitzt aber die Gleichung b) den Nachteil, daß sie den wesentlichen Einfluß des Durchmessers nicht enthält, weil sie den Druckverlust als abhängig von Wassermenge und Geschwindigkeit ausdrückt, während doch die Wassermenge keine unabhängige Variable, sondern selber abhängig von Durchmesser und Geschwindigkeit ist. Der Vorteil der Gleichung a) ist darin zu sehen, daß sie dem Einfluß des Durchmessers gerecht wird, es ist also gegen dieselbe nichts einzuwenden, vielmehr sollte gegen ihre Form (Proportionalität dem Quadrat der Geschwindigkeit) aufgetreten werden.

Um den Wert des Koeffizienten $k = \frac{4\lambda}{\gamma}$ zu ermitteln, berücksichtigt P f a r r keine Versuche, sondern bloß die Formeln von W e i s b a c h , D a r c y , L a n g und C h r i s t e n . Indem er sie graphisch in einem Diagramm darstellt, worin die Durchmesser als Abszissen, die $k$-Werte als Ordinaten aufgetragen werden, schließt er aus demselben, die Formeln von C h r i s t e n und W e i s b a c h seien fehlerhaft, bei denjenigen aber von D a r c y und L a n g ändere sich der Koeffizient so unmerklich, daß er im Mittel gleich $k = 0{,}021$ gesetzt werden kann, so daß

$$\frac{h}{l} = 0{,}021\,\frac{v^2}{d} \quad \ldots \ldots \ldots \text{27)}$$

oder

$$\frac{h}{l} = 0{,}018\,\frac{Q^2}{d^5} \quad \ldots \ldots \ldots \text{27 a)}$$

Der Geltungsbereich der P f a r r schen Formeln ist in sehr enge Grenzen gebannt, da sie sich nur auf gußeiserne Rohre, deren Durchmesser größer als 0,5 m ist; der Koeffizient $k$ hat nämlich für kleinere Durchmesser keineswegs einen konstanten Wert, ist ja nach L a n g

für $d = 0{,}025$     $k = 0{,}03434$
für $d = 1{,}0$ m     $k = 0{,}0218$

was Abweichung von 57% bedeutet. Außerdem hat diese Formel auch den Nachteil, daß sie keine Versuche, wohl aber die Formeln, und nur vier willkürlich ausgewählte berücksichtigt.

Am gewissenhaftesten erscheint die Arbeit von B i e l (6), welche sich auf die Verhältnisse oberhalb der kritischen Geschwindigkeit beschränkt. Er nimmt die Formel

$$\frac{h}{l} = \frac{1}{R}\,(a_1 v^2 + b_1 v)$$

an, worin $R = \frac{d}{4}$ den hydraulischen Radius, $a_1$ und $b_1$ die Koeffizienten bedeuten, weil er durch dieselbe eine größere Übereinstimmung mit den Versuchen zu erzielen glaubt als durch jede andere Form. Um den Wert der Koeffizienten

ermitteln zu können, sammelt er das reichhaltigste Versuchsmaterial das je vor ihm gesammelt wurde. Die Gesamtzahl der von ihm benutzten Versuche schätzen wir auf 1100 (die Ziffer ist nicht genau), es finden sich darunter Versuche an Eisen-, Holz-, Zement-, Glas-, Blech-, Blei-, Messingröhren u. dgl. Diese Mannigfaltigkeit wird durch die Einteilung der Rauheitsgrade erklärt, welche B i e l folgendermaßen durchführt:

Rauheit I: glatte Messing- und Bleiröhren, nahtlose Kupferröhren, sorgfältig ausgeführte Glasrohre.

Rauheit II: verzinkte schmiedeeiserne, gewöhnliche Blech- und Glas-, schmiedeeiserne Gasrohre, asphaltierte genietete Blechröhren, sehr sorgfältig ausgeführte Holzleitungen, gewöhnliche Lüftungsrohre aus verzinktem Blech, glatte Zementrohre, gußeiserne, sorgfältig mit Zement vergossene Rohre.

Rauheit III: gewöhnliche neue gußeiserne Rohre, gewöhnliche Holzleitungen, gebrauchte Lüftungsrohre für Gruben, Rohre aus Zement (mit Sand) und reinem Beton.

Rauheit IV: Bretterkanäle, Kanäle aus glatt gefugtem Backsteinmauerwerk oder aus Beton.

Rauheit V: gewöhnliches Ziegelmauerwerk.

Rauheit VI: gußeiserne Rohre mit Ablagerungen, Wellblechrohre, Flüsse, Bäche.

B i e l gibt zu, daß diese Einteilung auf eine ziemlich willkürliche Weise von ihm vorgenommen wurde, um so mehr als in vielen Versuchsbeschreibungen Erwähnungen über Rohrbeschaffenheit entweder allgemein und flüchtig sind oder gänzlich fehlen. Auch unterschied B i e l die Versuche je nach ihrer mutmaßlichen Genauigkeit, wobei für deren Schätzung die Vollkommenheit der Methode und der Werkzeuge, vor allen Dingen aber die Anzahl der Versuche und die Regelmäßigkeit der aus ihnen erhaltenen Diagramme ausschlaggebend waren, nicht aber der Umstand, ob die aus ihnen ermittelten Koeffizienten mit anderen gut stimmten oder nicht. Aus der graphischen Darstellung aller Versuche ergeben sich die Werte der Koeffizienten $a_1$ und $b_1$, und zwar ist $a_1$ wesentlich von Rauheit der Leitung, $b_1$ von der Temperatur abhängig

$$a_1 = a + \frac{f}{\sqrt{R}}$$

$$b_1 = \frac{b}{\sqrt{R}}\left(\frac{\eta}{\gamma}\right)$$

so daß

$$\frac{h}{l} = \left(a + \frac{f}{\sqrt{R}} + \frac{b}{v\sqrt{R}}\,\frac{\eta}{\gamma}\right)\frac{v^2}{R} \quad \ldots \ldots \text{28)}$$

worin bedeuten:

$a =$ den Grundfaktor $= 0{,}12$,
$f =$ den Rauheitskoeffizienten,
$b =$ den Zähigkeitskoeffizienten,
$l =$ die Länge der Leitung in km.

Folgende Zusammenstellung enthält die Werte der Koeffizienten:

Z u s a m m e n s t e l l u n g  3.

| Rauheitsgrad | I | II | III | IV | V |
|---|---|---|---|---|---|
| Grundfaktor $a$ . . . . . | 0,12 | 0,12 | 0,12 | 0,12 | 0,12 |
| Rauheitsfaktor $f$ . . . . | 0,0064 | 0,018 | 0,036 | 0,054 | 0,072 |
| Zähigkeitsfaktor $b$ . . . | 0,95 | 0,71 | 0,46 | 0,27 | 0,27 |
| $b \cdot \frac{\eta}{\gamma}$ für 12° C Wassertemp. | 0,0118 | 0,0088 | 0,0057 | 0,0032 | 0,0032 |

Werden nur schmiedeeiserne und gußeiserne Rohre berücksichtigt, so kann man die B i e l schen Gleichungen in folgender Form darstellen:

4

für schmiedeeiserne Rohre

$$\frac{h}{l} = 0,00048\,\frac{v^2}{d} + 0,000144\,\frac{v^2}{d^{1,5}} + 0,0000704\,\frac{v}{d^{1,5}}$$

für neue gußeiserne Rohre

$$\frac{h}{l} = 0,00048\,\frac{v^2}{d} + 0,000288\,\frac{v^2}{d^{1,5}} + 0,0000456\,\frac{v}{d^{1,5}}$$

für gebrauchte gußeiserne Rohre

$$\frac{h}{l} = 0,00048\,\frac{v^2}{d} + 0,000576\,\frac{v^2}{d^{1,5}} + 0,0000256\,\frac{v}{d^{1,5}}$$

$\Big\} \ 28\,a)$

worin $l$ in Metern ausgedrückt, und für gußeiserne Rohre mit Ablagerungen notwendigerweise der Rauheitsgrad V angenommen, weil für den Rauheitsgrad VI Angaben über die Werte von $a_1$ und $b_1$ bei Biel fehlen. Es ist auch hervorzuheben, daß die Bielsche Gleichung 28) sich nicht nur auf Kanäle und Flüsse und Rohrleitungen, sondern auch auf andere Flüssigkeiten und Gase bezieht, während bei deren Besprechung nur auf eiserne Wasserrohrleitungen Rücksicht genommen wird.

Obwohl die streng wissenschaftliche und erschöpfende Arbeit von Biel ohne ihresgleichen besteht, so möchten wir doch zwei Einwände nicht unerwähnt lassen, den einen bezüglich der Rauheitseinteilung und Temperatureinfluß, den anderen bezüglich der Art der graphischen Darstellung.

1. Die Untersuchung von Biel über Temperatureinfluß ergibt folgendes: Soll das Zähigkeitsglied $b_1$ wirklich nur von der Temperatur abhängen, so muß nach der Behauptung von Biel

$$b = b_1 \sqrt{R}\ \frac{\gamma}{\eta}$$

für verschiedene Durchmesser denselben Wert haben. Mit Rücksicht auf die Verschiedenartigkeit der Versuche kann hier selbstredend von mathematischer Gleichheit keine Rede sein. Nach Biel ergibt sich aber für den Rauheitsgrad II:

Zusammenstellung 4.

| Experimentator | Art | Durch-messer in m | b |
|---|---|---|---|
| Saph-Schoder | Verzinktes Eisenrohr | 0,01235 | 0,387 |
| » | » » | 0,0159 | 0,6 |
| » | » » | 0,0216 | 0,715 |
| Darcy | Schmiedeeisernes Rohr | 0,0266 | 0,325 |
| » | Asphaltiertes Blechrohr | 0,0268 | 1,27 |
| » | Schmiedeeisernes Rohr | 0,0395 | 0,61 |
| Smith | Asphaltiertes Blechrohr | 0,285 | 1,56 |

Da die Abweichungen — wie obige Zusammenstellung lehrt — bis 300% erreichen, so ist die von Biel behauptete Gleichheit nicht festzustellen. Auch für den Rauhigkeitsgrad I lassen sich Abweichungen bis zu 114% konstatieren.

Auch die Einteilung in 6 Rauheitsgrade scheint nicht immer berechtigt. So wird z. B. unter fünf verzinkten Eisenrohren, an welchen Saph-Schoder ihre Versuche durchführten, durch Biel drei zum Rauheitsgrad II, zwei zum Rauheitsgrad III angerechnet, und doch sind die Rohre von demselben Stoff, zu derselben Zeit auf dieselbe Weise untersucht worden. Da Saph-Schoder der genauen Messung von Durchmessern ganz besondere Aufmerksamkeit geschenkt haben, so ist deren Rauheit nicht schwer zu beurteilen, und zwar können die Unterschiede des größten und des kleinsten Messungsergebnisses in Prozenten ausgedrückt ziemlich genau als Maß der Rauheit dienen. Es ergibt sich also für Saph-Schodersche Rohre

Zusammenstellung 5.

| Durchmesser in m | Abweichungen in der Messung des Durchmessers in °/₀ | Rauheitsgrad nach Biel | b |
|---|---|---|---|
| 0,0265 | 1,45 | III | 0,202 |
| 0,0216 | 3,30 | II | 0,715 |
| 0,0159 | 1,00 | II | 0,6 |
| 0,0123 | 1,01 | II | 0,387 |
| 0,089 | 5,21 | III | 0,268 |

Diese Zusammenstellung lehrt, daß die Einteilung von Biel nicht genügend begründet erscheint, auf jeden Fall ist nicht ersichtlich, warum das Rohr von 0,0265 m Durchm. zum Rauheitsgrad III gehören soll.

Ferner geht aus dem Vergleich beider Zusammenstellungen hervor, daß in der Bielschen Fassung der Einfluß der Temperatur nicht scharf genug abgesondert wurde, weil in der fünften Zusammenstellung, wo nur Schmiedeeisen berücksichtigt wurde, die Abweichungen der $b$-Werte höchstens 40% betragen, während sie in der vierten, welche sich auf alle Stoffe bezieht, viel bedeutender sind. Es erscheint also als angezeigt, sich nicht an die Bielsche Einteilung zu halten, sondern für jeden Stoff getrennt die Koeffizienten zu berechnen. Dieses Verfahren, welches wir auch im Abschnitt IV angewendet haben, gestattet zwar nicht eine für alle Stoffe gültige Formel wie Biel aufzustellen, ist dafür aber in der Auswertung der Versuche um so genauer.

2. Bekanntlich beruht die graphische Darstellung der Versuche nach Biel darin, daß er in einem Diagramm die Werte von $\frac{h}{lv}$ als Ordinaten, die der Geschwindigkeiten $v$ als Abszissen aufzeichnete und auf diese Weise fortlaufend grade Linien erhielt, deren Gleichungen

$$\frac{h}{lv} = a_1 v + b_1$$

waren. Diesem seit Darcy bekannten Verfahren kann man aber ein anderes gegenüberstellen, welches gegenwärtig immer mehr an Anwendung zunimmt, und wo als Abszissen die Logarithmen der Druckverluste als Ordinaten diejenigen der Geschwindigkeit aufgetragen werden und sich ebenfalls eine gerade Linie

$$\frac{h}{l} = m \cdot v^n$$

ergibt. Die Frage der Genauigkeit beider Verfahren drängt sich unabweislich auf.

Um die Frage der Entscheidung näherzubringen, haben wir zwei Versuchsreihen auf beide Arten graphisch dargestellt und mit den gemessenen Versuchsergebnissen verglichen. Als erstes Beispiel dienen die Versuche von Brabbée an einem schmiedeeisernen Rohr von 14,7 mm Durchmesser bei 30,5° C durchgeführt. Nach Biel graphisch in Fig. 4 dargestellt, ergeben die Versuche die Gleichung

$$\frac{h}{l} = 0,0745\,v^2 + 0,0205\,v,$$

während die Abweichungen zwischen dem Diagramm und den Versuchen im ungünstigsten Fall $+8,4$ und $-1,9\%$, im Mittel $+2,65$ und $-0,70\%$ betragen. Logarithmisch in Fig. 5 dargestellt ergibt sich die Gleichung

$$\frac{h}{l} = 0,09772\,v^{1,772}$$

und die Abweichungen betragen im ungünstigsten Fall $+1,1$ und $-1,4\%$, im Mittel $+0,9$ und $-0,9\%$. Näheres ist aus Zusammenstellung 6 ersichtlich.

Als zweites Beispiel sind die Versuche von Darcy an einem schmiedeeisernen Rohr von 26,6 mm Durchmesser gewählt worden. Nach diesem Diagramm, das Biel selbst in seiner Arbeit anführt, findet sich

$$\frac{h}{l} = 0{,}06016\,v^2 + 0{,}007008\,v$$

und die Abweichungen zwischen dem Diagramm und den Versuchen betragen im ungünstigsten Fall $+ 3{,}5$ und $- 4{,}1\%$,

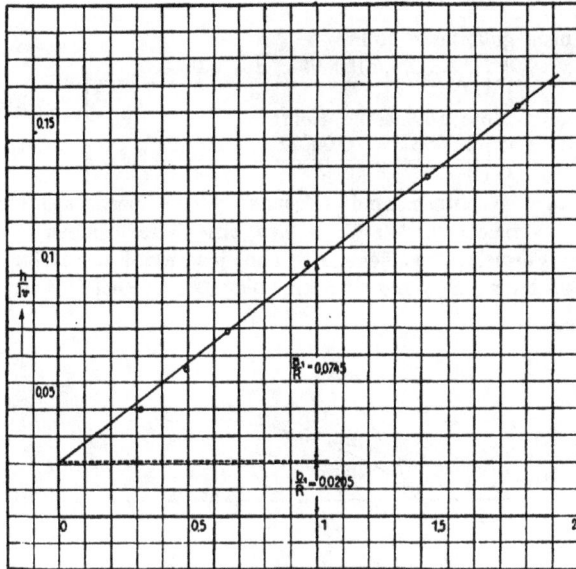

Fig. 4. Versuche von Brabbée.

im Mittel $+ 1{,}98$ und $- 2{,}15\%$. Dieselben Versuche logarithmisch in Fig. 6 dargestellt ergaben die Gleichung

$$\frac{h}{l} = 0{,}06761\,v^{1{,}9},$$

während die Abweichungen im ungünstigsten Fall $+ 1{,}8$ und $- 1{,}5\%$, im Mittel $\pm 1\%$ betragen. Näheres ist aus Zusammenstellung 7 ersichtlich.

Der Vergleich der Bielschen und der logarithmischen Methode der graphischen Darstellung fällt also zugunsten der letzteren aus. Wenn es auch Fälle geben kann, wo die erstere mehr am Platze erscheint, so gibt doch die zweite ihre Ergebnisse in einer für den praktischen Gebrauch einfacheren Form, und ist — wie wir später sehen — theoretisch begründet.

Gleichzeitig mit Biel erschien der Aufsatz von Sonne (70), welcher auch von der Annahme ausgeht, daß

$$w = \mu\,\frac{v^2}{d},$$

worin $w =$ den Druckverlust auf der Länge $l = 100$ m, $\mu =$ den Koeffizienten bedeutet. Durch den Vergleich mit der Formel

$$v = c\sqrt{R\,\frac{w}{l}} \qquad \left(R = \frac{d}{4}\right)$$

erhält er

$$c = \frac{20}{\sqrt{\mu}}.$$

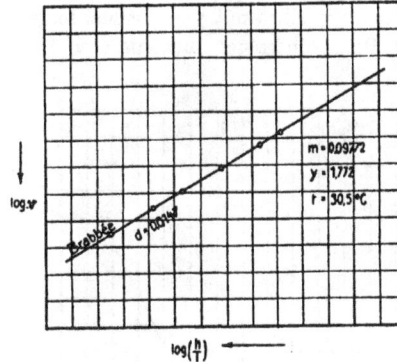

Fig. 5. Versuche von Brabbée.

Indem er nur die Formeln von Weisbach, Lang, Darcy, Kutter und Christen berücksichtigt, berechnet er daraus die Werte von $c$ und trägt sie in einem Diagramm (Fig. 7) auf. In der Beurteilung der Formel schließt er sich an die Meinung von Iben an, daß die Darcysche Formel die besten Resultate ergibt, nur daß sie für kleinere Durchmesser etwas zu kleine Werte liefert, und in dieser Beziehung sucht er sie zu korrigieren. Die Kurve von Christen, welche er in dem Diagramm nicht zeichnet, verläuft zuerst unterhalb, dann oberhalb der Kurve von Darcy. Den letzteren Umstand betrachtet Sonne aus unbenannten Gründen als einen Vorteil, den ersteren als einen Nachteil, weil sie mit zwei Stuttgarter Versuchen (Punkt I und II) nicht übereinstimmt. Die Formeln von Weisbach und Lang seien zu verwerfen. Die Gleichung von Kutter wendet er in der Form

$$c = \frac{a\sqrt{d}}{2\,b + \sqrt{d}}$$

Zusammenstellung 6. Versuche von Brabbée.

| | $d = 0{,}0147$ m | | | | | | |
|---|---|---|---|---|---|---|---|
| $v$ . . . . . . . . . . . . . . . . . . . . . . . . | 0,0313 | 0,485 | 0,652 | 0,958 | 1,423 | 1,76 | Mittlerer Fehler |
| $h$ (aus den Versuchen) . . . . . . . . . | 0,01265 | 0,0269 | 0,0454 | 0,0896 | 0,180 | 0,267 | $\}$ $+ 2{,}65\,\%$ |
| $h$ (aus dem Bielschen Diagramm) . . . . . . . . | 0,01372 | 0,0275 | 0 0450 | 0,0880 | 0,180 | 0,267 | $-0{,}70$ » |
| Abweichungen in $\%$ . . . . . . . . . . . . . . | $+ 8{,}4$ | $+ 2{,}2$ | $- 0{,}9$ | $- 1{,}9$ | $\pm 0$ | $\pm 0$ | |
| $h$ (aus dem logarithmischen Diagramm) . . . . . . . . | 0,01247 | 0,0271 | 0,0458 | 0,0906 | 0,182 | 0,266 | $\}$ $+ 0{,}9$ » |
| Abweichungen in $\%$ . . . . . . . . . . . . . | $- 1{,}4$ | $+ 0{,}7$ | $+ 0{,}9$ | $+ 1{,}1$ | $+ 1{,}1$ | $- 0{,}4$ | $-0{,}9$ » |

Zusammenstellung 7. Versuche von Darcy.

| | $d = 0{,}0266$ m | | | | | | | | |
|---|---|---|---|---|---|---|---|---|---|
| $v$ . . . . . . . . . . | 0,522 | 0,667, | 0,796 | 0,961 | 1,235 | 1,281 | 1,682 | 1,998 | 2,184 | Mittlerer |
| $h$ (aus den Versuchen) . . . . . . . . | 0,01937 | 0,03126 | 0,04348 | 0,06316 | 0,10022 | 0,10571 | 0,17826 | 0,25601 | 0,30952 | Fehler |
| $h$ (aus dem Bielschen Diagramm) . . . | 0,02005 | 0,03143 | 0,04369 | 0,06228 | 0,09609 | 0,10770 | 0,18198 | 0,25410 | 0,30220 | $+ 1{,}98\,\%$ |
| Abweichungen in $\%$ . . . . . . . . | $+ 3{,}5$ | $+ 0{,}5$ | $+ 0{,}5$ | $- 1{,}4$ | $- 4{,}1$ | $+ 1{,}9$ | $+ 3{,}5$ | $- 0{,}7$ | $- 2{,}4$ | $- 2{,}15$ » |
| $h$ (aus dem logarithmischen Diagramm) | 0,01966 | 0,03132 | 0,04382 | 0,06268 | 0,10100 | 0,10820 | 0,18160 | 0,25240 | 0,30720 | $+ 1{,}0$ » |
| Abweichungen in $\%$ . . . . . . | $+ 1{,}5$ | $+ 0{,}2$ | $+ 0{,}8$ | $- 0{,}8$ | $+ 0{,}8$ | $+ 1{,}4$ | $+ 1{,}8$ | $- 1{,}5$ | $- 0{,}7$ | $- 1{,}0$ » |

an, worin $a = 100$, $b = 0.2$ oder 0,3. Für $b = 0.2$ gibt die Kuttersche Kurve unterhalb des Schnittpunktes mit der Darcyschen gute Werte, oberhalb aber nicht. Für $b = 0.3$ ist sie unbrauchbar für neue Röhren. Die Korrektion der Darcyschen Formel unternimmt Sonne auf folgende Weise: Den für $d = 1$ m entfallenden Wert von Darcy, $w = 0.105$, ändert er auf 0,102 ab, was dem Werte $c = 62.6$ (Punkt $M$, Fig. 7) entspricht. Nun konstruiert er eine Kurve, welche durch den Punkt $M$ hindurchgeht und oberhalb der Darcyschen Kurve verläuft; als Form derselben nimmt er die Kuttersche an und gelangt so zu der Gleichung

$$w = \left(0.087 + \frac{0.012\sqrt{d} + 0.003}{d}\right)\frac{v^2}{d}$$

Der Vergleich derselben mit vier Versuchsergebnissen aus Stuttgart und Bonn überzeugt ihn von der Brauchbarkeit seiner Formel.

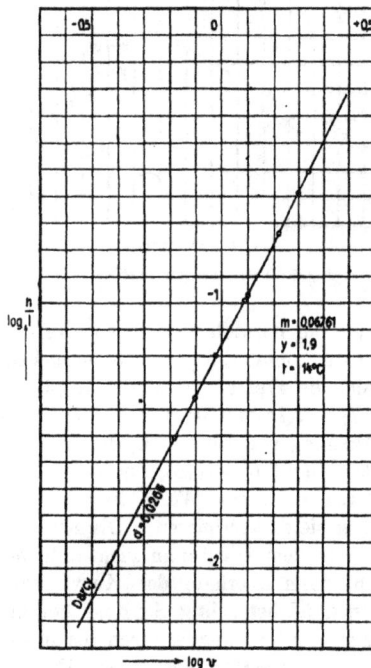

Fig. 6. Versuche von Darcy.

Auf ähnliche Weise verfährt Sonne mit gebrauchten Leitungen. Er nimmt durch die Stuttgarter Versuche als bewiesen an, daß der Widerstandskoeffizient von der Geschwindigkeit unabhängig ist, und wählt als Grundlage seiner Berechnungen die Kuttersche Formel für $b = 0.35$

$$c = \frac{100\sqrt{d}}{0.7 + \sqrt{d}}$$

Indem er das Verhältnis $\sigma$ des Widerstandes eines gebrauchten Rohres zu dem eines neuen von demselben Durchmesser

$$\sigma = \frac{w_1}{w_2} = \frac{c_1^2}{c^2}$$

nach Darcy für $d = 0.1$ m zu

$$\sigma = 2 = \frac{56}{c_1^2}$$

berechnet, also

$$c_1 = 39$$

für $d = 1$ m, nach Kutter

$$c_1 = 59$$

annimmt, zeichnet er durch diese zwei Punkte eine Parabel und erhält als deren Gleichung

$$c = 29 + 30\sqrt{d}$$

Die Gleichungen von Sonne sind also:
für neue gußeiserne Rohre

$$w = \left(0.087 + \frac{0.0012\sqrt{d} + 0.003}{d}\right)\frac{v^2}{d}$$

für gebrauchte

$$w = \left(\frac{20}{29 + 30\sqrt{d}}\right)^2\frac{v^2}{d} \qquad \text{. . . 29)}$$

Dieselben in Metern ausgedrückt und umgeformt lauten:
für neue gußeiserne Rohre

$$\frac{h}{l}\left(0.00087 + \frac{0.00012\sqrt{d} + 0.00003}{d}\right)\frac{v^2}{d}$$

für gebrauchte gußeiserne Rohre

$$\frac{h}{l}\left(\frac{0.00087}{d} + \frac{0.00012}{d^{1.5}} + \frac{0.00003}{d^2}\right)v^2 \qquad \text{. 29a)}$$

Ihre Nachteile sind folgende: 1. sie berücksichtigen keine Versuche und stützen sich auf Betrachtungen über einige Formeln, 2. schließen sich ohne jede Kritik der Meinung von Iben an und wollen die Darcysche Formel

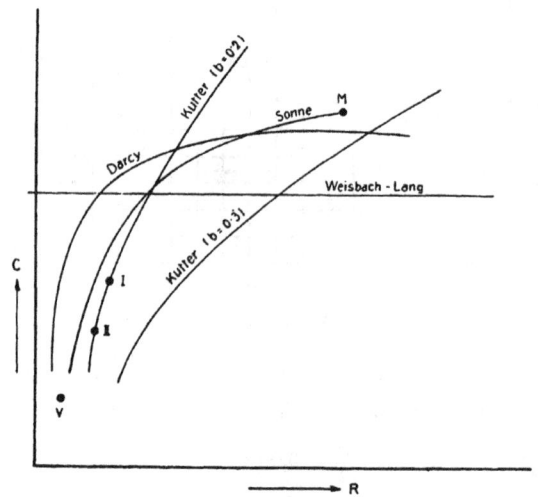

Fig. 7.

korrigieren; der Wert aber von solchen Korrekturen ist ein illusorischer, weil sie völlig der Willkür überlassen sind, 3. die Folgerung, daß der Koeffizient $c$ von Geschwindigkeit unabhängig ist, ist nicht überzeugend, 5. berücksichtigen nicht die Literatur des Gegenstandes, weder in bezug auf Versuche (Sonne wählt nur vier Versuchsgruppen von Iben aus), noch in bezug auf Formeln (wählt deren vier).

Lang (51) hat mehrmals seine Formel geändert, hier wird sie in ihrer neuesten Fassung wiedergegeben. Auch sie lautet zwar:

$$\frac{h}{l} = \frac{\lambda}{d}\frac{v^2}{2g}$$

doch betrachtet es Lang als eine Vereinfachung, da in Wirklichkeit der Druckverlust der 1,75 bis 2. Potenz der Geschwindigkeit proportional ist, so daß durch entsprechende Annahme von $\lambda$

$$\lambda = a + \frac{b}{\sqrt{v \cdot d}}$$

der gemachte Fehler ausgeglichen werden muß. Er verdeutlicht es in einem Diagramm, wo die Geschwindigkeiten als Abszissen und die Ausdrücke $\lambda \cdot v$ als Ordinaten aufgetragen werden; es entsteht so die Kurve $OBC$ (Fig. 8), deren erster Zweig unterhalb der kritischen Geschwindigkeit, der zweite oberhalb derselben gilt. Die Langschen Formeln sind:
für neue Röhren

$$\frac{h}{l} = \left(0.1 + \frac{0.1}{\sqrt{v \cdot d}}\right)\frac{1}{2g}\frac{v^2}{d}$$

für gebrauchte Röhren

$$\frac{h}{l} = \left(\frac{d}{d_1}\right)^5\left(0.02 + \frac{0.0018}{\sqrt{v \cdot d}}\right)\frac{1}{2g}\frac{v^2}{d} \qquad \text{. . . 30)}$$

worin bedeuten:

$d$ = den nominellen Durchmesser in cm,

$d_1$ = den tatsächlichen nach Abzug der Ablagerungen freien Durchmesser in cm;

oder nach Umformung und Einsetzung von Metereinheiten:

für neue Röhren

$$\frac{h}{l} = \frac{0{,}001\, v^2}{d} + \frac{0{,}0001\, v^{1{,}5}}{d^{1{,}5}} \quad\left.\right\}$$

für gebrauchte Röhren

$$\frac{h}{l} = \left(\frac{d}{d_1}\right)^5 \cdot 0{,}001019\, \frac{v^2}{d} + 0{,}00009174\, \frac{v^{1{,}5}}{d^{1{,}5}} \quad\left.\right\} \quad (30a)$$

Den Einfluß der Ablagerungen empfiehlt L a n g auf folgende Weise anzunehmen:

| $d$ in m | 0,076 | 0,076 | 0,102 | 0,152 | 0,152 | 0,204 | 0,381 |
|---|---|---|---|---|---|---|---|
| Anzahl der Jahre | 20 | 32 | 22 | 10 | 20 | 24 | 40 |
| Ablagerungen in % des Querschnittes | 35 | 75 | 54 | 20 | 33 | 36 | 28 |

Wie der Verfasser betont, wurde seine Formel auf Grund von 300 eigenen und aller bis 1910 veröffentlichten Versuche aufgestellt. Da aber die L a n g sche Arbeit im Druck nicht erschienen ist, und nur »Hütte« einen kurzen Bericht enthält, so ist die Kritik der Formel undurchführbar. Folgendes läßt sich aber gegen sie einwenden: 1. Nach L a n g ist der Widerstandskoeffizient von Rohrstoff unabhängig, er hängt nur von der Rauheit ab, was die Versuche nicht bestätigen. 2. Die Formel basiert auf der Annahme, daß der Kurvenzweig $BC$ eine Hyperbel darstellt, was ebenfalls viele Versuche nicht bestätigen. 3. Für gebrauchte Röhren ist die L a n g sche Formel unanwendbar, weil sich keine Angabe findet, wie die Verminderung des Rohrdurchmessers durch die Ablagerungen anzunehmen ist.

B o d e n s e h e r (14) hat das Verdienst, zum erstenmal in Deutschland die für die graphische Berechnung der Wasserrohrleitungen sehr brauchbaren N o m o g r a m m e eingeführt zu haben. Zur Aufstellung seiner Formel hat er sich die Ergebnisse der Untersuchungen von F a n n i n g angeeignet, nur daß er nicht seine Gleichung sondern die Tabellen benutzte, weil sie unter allen Berechnungsarten für den Druckverlust die größten Werte liefern. Auch benutzte er die vom Wiener Stadtbauamt beim Bau der zweiten Hochquellenleitung unternommenen (und leider nirgends veröffentlichten) Versuche an einem 5300 m langen Rohr von 0,948 bzw. 0,869 m Durchmesser. Er erhielt so die Formel

$$\frac{h}{l} = \left(0{,}0006541 + \frac{0{,}0011565}{\sqrt{d}}\right) \frac{Q^2}{d^5} \quad \ldots \quad 31$$

oder

$$\frac{h}{l} = \left(\frac{0{,}0004034}{d} + \frac{0{,}0007135}{d^{1{,}5}}\right) v^2 \quad \ldots \quad 31a$$

Zu ihrer Beurteilung diene folgendes: 1. Die Untersuchungen von F a n n i n g — wie bereits bemerkt — enthalten zu wenig Versuchsmaterial. 2. Der Standpunkt von B o d e n s e h e r, daß diejenige Formel die beste ist, welche die größten Werte liefert, erscheint nicht als einwandfrei, weil die letzten doch nur für äußerst schlechte Rohre oder Wasserbeschaffenheit, also für Ausnahmszustände gelten, die als anormal zu bezeichnen sind.

B r i n k h a u s (11) geht ebenso wie L u e g e r von der K u t t e r schen Formel aus

$$\left.\begin{aligned} \frac{h}{l} &= \frac{4}{k^2} \frac{v^2}{d} \\ k &= \frac{50\,\sqrt{d}}{m + 0{,}5\,\sqrt{d}} \end{aligned}\right\} \quad \ldots \quad 32)$$

setzt aber

$m = 0{,}25$ für gute Wasserbeschaffenheit,

$m = 0{,}30$ für weniger gute Wasserbeschaffenheit,

$m = 0{,}35$ für stark inkrustierendes Wasser,

$m = 0{,}40$ für sehr stark inkrustierendes Wasser.

Wird in unserer Fassung $m = 0{,}30$ für neue, $m = 0{,}40$ für gebrauchte Leitungen angenommen, so lauten die Formeln

für neue gußeiserne Rohre

$$\frac{h}{l} = \frac{0{,}000144}{d^2} + \frac{0{,}0004801}{d^{1{,}5}} + \frac{0{,}0004}{d}\right) v^2 \quad\left.\right\}$$

für gebrauchte gußeiserne Rohre

$$\frac{h}{l} = \frac{0{,}000256}{d^2} + \frac{0{,}00063}{d^{1{,}5}} + \frac{0{,}0004}{d}\right) v^2 \quad\left.\right\} \quad 32a$$

Nichts spricht besser für die Unanwendbarkeit der G a n g u i l l e t - K u t t e r schen Formel als der Vergleich ihrer beiden Fassungen nach L u e g e r und B r i n k h a u s. Dieselbe Annahme, $m = 0{,}25$, welche nach dem ersten für gebrauchte Leitungen gilt, bezieht sich nach dem zweiten auf neue, der Willkür wird völlig Platz gelassen. Sonst gilt für die Kritik der B r i n k h a u s schen Formel das über L u e g e r Gesagte.

Auf Grund von eigenen an schmiedeeisernen Rohren durchgeführten Versuchen stellte B r a b b é e (13) die Formeln auf

$$\left.\begin{aligned} \frac{p}{l} &= \frac{3500\, v^{1{,}781}}{d^{1{,}296}} \\ \frac{p}{l} &= 6460\, \frac{v^{1{,}8}}{d^{1{,}41}} \end{aligned}\right\} \quad \ldots \quad 33)$$

Die erste gilt für schmiedeeiserne Muffenrohre (bis 50 mm Durchmesser) und $15^0$ C Wassertemperatur, die zweite für Siederohre ($> 50$ mm Durchmesser) und $18^0$ C Wassertemperatur. Für verschiedene Temperaturen gilt für beide Rohrgattungen die allgemeine Gleichung

$$\frac{p}{l} = a_1 \frac{(1{,}625 - 0{,}000521 \cdot 10^5\, \eta_1)\, v^{n_1} + 0{,}0000866 \cdot 10^8 (\eta_1 - \eta_x)}{(1{,}625 - 0{,}000521 \cdot 10^5\, \eta_x)\, d^{m_1} + 0{,}0000558 \cdot 10^8 (\eta_1 - \eta_x)} \quad 33a)$$

worin bedeuten:

$p$ = den Druckverlust in kg/qm,

$l$ = die Länge der Leitung in m,

$d$ = den Durchmesser der Leitung in mm,

$v$ = die Geschwindigkeit des Wassers in m/Sek.,

$\eta$ = den Zähigkeitskoeffizienten im System $CGS$,

$a_1$ = den Koeffizienten, bezogen auf Temperatur $t_1^0$ C,

$n_1$ = den Geschwindigkeitsexponenten, bezogen auf Temperatur $t_1^0$ C,

$m_1$ = den Durchmesserexponenten, bezogen auf Temperatur $t_1^0$ C,

$\eta_1$ = den Zähigkeitskoeffizienten, bezogen auf Temperatur $t_1^0$ C,

$\eta$ = den Zähigkeitskoeffizienten, bezogen auf Temperatur $t^0$ C.

Die letzte Gleichung von B r a b b é e ermöglicht es, aus den bei einer bestimmten Temperatur, z. B. $15^0$ C, durchgeführten Versuchen den Druckverlust für jede beliebige Temperatur $t$ zu berechnen. Alle Gleichungen gelten oberhalb der kritischen Geschwindigkeit. Bei Anwendung unserer Bezeichnungen lauten die Formeln von B r a b b é e

für schmiedeeiserne Muffenrohre

$$\frac{h}{l} = 0{,}0004468\, \frac{v^{1{,}781}}{d^{1{,}296}} \quad\left.\right\}$$

für schmiedeeiserne Flanschenrohre

$$\frac{h}{l} = 0{,}0008243\, \frac{v^{1{,}8}}{d^{1{,}41}} \quad\left.\right\} \quad \ldots \quad 33b)$$

Da sowohl die Ausführung wie die Auswertung der Versuche sich durch strengste Genauigkeit auszeichnen (es sind durchweg logarithmische Diagramme benutzt worden), so ist gegen die B r a b b é e schen Formeln gar nichts einzuwenden. Hervorzuheben wäre nur, daß sie nur für neue Rohre anwendbar seien, denn obwohl die Versuche einige Jahre dauerten und in diesem Zeitraume keine Vergrößerung der Druckverluste feststellbar war, so sind doch in der Wasserleitungspraxis Fälle bekannt, wo die Rohre in kurzer Zeit sich mit Ablagerungen bedeckten. Es ist nämlich der Umstand nicht zu verkennen, daß die Formeln von B r a b b é e für Warmwasserheizungsrohre abgeleitet worden sind, die oft unter anderen Bedingungen arbeiten als die Wasserleitungsrohre. Für die letzteren empfiehlt es sich also, die Formeln entsprechend umzuändern. Auch ist ihre Form bezüglich Temperatureinfluß für den praktischen Gebrauch nicht bequem genug.

Sehr anregend und originell ist die Arbeit von B l a s i u s (12), welchem der Verdienst gebührt, das bereits von R e y n o l d s aufgestellte Ähnlichkeitsgesetz bei Reibungsvorgängen für technische Anwendungen nutzbar zu machen. Auf Strömung des Wassers in Röhren übertragen, besagt es, daß, wenn

$$\frac{h}{l} = \frac{\lambda}{2g} \frac{v^2}{d}$$

dann der Koeffizient $\lambda$ Funktion von $\left(\frac{vd}{\eta}\right)$ sein muß. B l a - s i u s stellt daher alle Versuche in einem Diagramm dar, dessen Abszissen $\frac{vd}{\eta}$ und dessen Ordinaten $\lambda = \frac{2g\,dh}{v^2 l}$ sind. Jedes untersuchte Rohr liefert darin eine Kurve, und die Bestätigung des Ähnlichkeitsgesetzes ist darin zu suchen, daß alle Kurven zusammenfallen. Welche Kurve dabei herauskommt, darüber sagt das Gesetz nichts aus, diese muß nach wie vor auf irgendeine passende Art interpoliert werden. Das Ähnlichkeitsgesetz hat nur zur Folge, daß die Abhängigkeit des $\lambda$ von zwei Größen zurückgeführt wird auf die Abhängigkeit von nur einer Größe. Es liefert aber eine Beschränkung der Interpolationsformeln insofern,

Zusammenstellung 8.

| Verfasser | Jahr | Formel für gußeiserne Rohre Rauheitsgrad I | Die Anzahl der Versuche, aus denen die Formel abgeleitet wurde | Durchmesser d in m = | | |
|---|---|---|---|---|---|---|
| | | | | 0,08 | 0,5 | 1,0 |
| | | | | Druckverlust pro lfd. m in m/WS bei Geschwindigkeit $v$  1 m/Sek. | | |
| Chezy | 1775 | $\frac{h}{l} = 0{,}00154\frac{v^2}{d}$ | — | 0,01925 | 0,003080 | 0,001540 |
| Prony | 1804 | $\frac{h}{l} = \frac{0{,}000068\,v + 0{,}001392\,v^2}{d}$ | 51 | 0,01826 | 0,002922 | 0,001461 |
| Eytelwein | 1813 | $\frac{h}{l} = \frac{0{,}000089432\,v + 0{,}0011212\,v^2}{d}$ | 51 | 0,01513 | 0,002421 | 0,001210 |
| d'Aubuisson | 1834 | $\frac{h}{l} = 0{,}001435\frac{v^2}{d}$ | 51 | 0,01794 | 0,002870 | 0,001435 |
| Dupuit | 1848 | $\frac{h}{l} = 0{,}001578\frac{v^2}{d}$ | 51 | 0,01972 | 0,003156 | 0,001578 |
| Saint-Venant | 1851 | $\frac{h}{l} = 0{,}001435\frac{v^{1,71}}{d}$ | 51 | 0,01477 | 0,002364 | 0,001182 |
| Weisbach | 1855 | $\frac{h}{l} = \left(0{,}01439 + \frac{0{,}0094711}{\sqrt{v}}\right)\frac{1}{2g}\cdot\frac{v^2}{d}$ | 71 | 0,01520 | 0,002432 | 0,001216 |
| Darcy | 1857 | $\frac{h}{l} = \left(\frac{0{,}001014}{d} + \frac{0{,}00002588}{d^2}\right)v^2$ | 198 | 0,01671 | 0,002130 | 0,00103 |
| Hagen | 1870 | $\frac{h}{l} = \frac{0{,}0012017}{d}\cdot v + \frac{b}{d^2}v^2 \quad b = \eta\,(T)$ | 321 | 0,0155301 | 0,002416 | 0,001205 |
| Lampe | 1873 | $\frac{h}{l} = 0{,}0008289\frac{v^{1,82}}{d^{1,25}}$ | 4 | 0,01948 | 0,001971 | 0,000829 |
| Ganguillet-Kutter | 1877 | $v = \frac{c}{2}\sqrt{d\left(\frac{h}{l}\right)}\quad c = \dfrac{23 + \dfrac{0{,}00155}{\left(\frac{h}{l}\right)} + \dfrac{1}{0{,}01}}{1 + \left(23 + \dfrac{0{,}00155}{\left(\frac{h}{l}\right)}\right)\dfrac{2\cdot 0{,}01}{\sqrt{d}}}$ | ? | 0,038276 | 0,002329 | 0,000899 |
| Fanning | 1878 | $\frac{h}{l} = 0{,}001312\frac{v^2}{d}$ | 128 | 0,01641 | 0,002625 | 0,001313 |
| Franck | 1881 | $\frac{h}{l} = \left(0{,}000512 + \frac{0{,}0003847}{\sqrt{d}}\right)\frac{v^2}{d}$ | 190 | 0,02340 | 0,002112 | 0,0008967 |
| Reynolds | 1883 | $\frac{h}{l} = 0{,}0009339\frac{v^{1,85}}{d^{1,15}}$ | 251 | 0,01705 | 0,002072 | 0,000934 |
| Flamant | 1892 | $\frac{h}{l} = \frac{0{,}000740}{\sqrt[4]{d\cdot v}}\cdot\frac{v^2}{d}$ | 552 | 0,01739 | 0,001760 | 0,000740 |
| Christen | 1903 | $v = 48{,}9\sqrt{\frac{h}{l}}\sqrt[8]{\left(\frac{d}{2}\right)^5}$ | 116 | 0,02338 | 0,002365 | 0,000995 |
| Saph-Schoder | 1903 | $\frac{h}{l} = 0{,}0005361\frac{v^{1,74}}{d^{1,25}}$ | 686 (?) | 0,01260 | 0,001275 | 0,000536 |
| Biel | 1907 | $\frac{h}{l} = 0{,}004\left(0{,}12 + \frac{0{,}072}{\sqrt{d}} + \frac{0{,}014}{v\sqrt{d}}\right)\frac{v^2}{d}$ | 1100 (?) | 0,02074 | 0,001904 | 0,000814 |
| Sonne | 1907 | $\frac{h}{l} = \left(0{,}00087 + \frac{0{,}00012\sqrt{d} + 0{,}00003}{d}\right)\frac{v^2}{d}$ | ? | 0,020861 | 0,002199 | 0,00102 |
| Lang | 1911 | $\frac{h}{l} = \left(0{,}001 + \frac{0{,}0001}{\sqrt{v\cdot d}}\right)\frac{v^2}{d}$ | ? | 0,01692 | 0,002276 | 0,00110 |
| Brinkhaus | 1912 | $\frac{h}{l} = 4\left(\frac{0{,}30 + 0{,}5\sqrt{d}}{50\sqrt{d}}\right)^2\frac{v^2}{d}$ | ? | 0,04872 | 0,002734 | 0,00102 |
| Biegeleisen | 1914 | $\frac{h}{l} = 0{,}0012\frac{v^{1,9}}{d^{1,1}}$ | 1761 | 0,01932 | 0,002574 | 0,00120 |

als darin $v$ und $d$ nur in der Verbindung $\left(\frac{vd}{\eta}\right)$ vorkommen dürfen. Die Formeln von Darcy, Weisbach und Biel genügen dieser Forderung nicht, bei Darcy ist $\lambda$ nur von $d$, bei Weisbach nur von $v$ abhängig. Dagegen haben die Formeln von Flamant, Reynolds, Saph-Schoder, Lang die vom Ähnlichkeitsgesetz geforderte Form, abgesehen, daß keiner derselben (außer Reynolds) $\eta$ einführt. Diejenigen Formeln von Brab-

béc, welche den Einfluß der Temperatur nicht einführen, genügen auch der Forderung des Ähnlichkeitsgesetzes, seine allgemeine Formel aber nicht.

Nun gelangt Blasius nach Auftragung der Saph-Schoderschen Versuche zum Ergebnis, daß deren Mehrzahl tatsächlich in eine Kurve zusammenfällt, womit sich das Ähnlichkeitsgesetz für Messingrohre bestätigt. Nach Saph-Schoder ist die Interpolationsformel

Zusammenstellung 9.

| Verfasser | Jahr | Formel für neue gußeiserne Rohre Rauheitsgrad II | Die Anzahl der Versuche, aus denen die Formel abgeleitet wurde | Durchmesser $d$ in m = | | |
|---|---|---|---|---|---|---|
| | | | | 0,08 | 0,5 | 1,0 |
| | | | | Druckverlust pro lfd. m in m/WS bei Geschwindigkeit $v = 1$ m/Sek. | | |
| Chezy | 1775 | $\frac{h}{l} = 0,001542 \frac{v^2}{d}$ | ? | 0,01925 | 0,003080 | 0,001540 |
| Prony | 1804 | $\frac{h}{l} = 0,00068 \frac{v}{d} + 0,001192 \frac{v^2}{d}$ | 51 | 0,01826 | 0,002922 | 0,001461 |
| Eytelwein | 1813 | $\frac{h}{l} = 0,000089432 \frac{v}{d} + 0,0011212 \frac{v^2}{d}$ | 51 | 0,01513 | 0,002421 | 0,001210 |
| d'Aubuisson | 1834 | $\frac{h}{l} = 0,001435 \frac{v^2}{d}$ | 51 | 0,01794 | 0,002870 | 0,001435 |
| Dupuit | 1848 | $\frac{h}{l} = 0,001578 \frac{v^2}{d}$ | 51 | 0,01972 | 0,003156 | 0,001578 |
| Saint-Venant | 1851 | $\frac{h}{l} = 0,001182 \frac{v^{1,71}}{d}$ | 51 | 0,01477 | 0,002364 | 0,001182 |
| Weisbach | 1855 | $\frac{h}{l} = \left(0,01439 + \frac{0,0094711}{\sqrt{v}}\right)\frac{1}{2g}\frac{v^2}{d}$ | 71 | 0,01520 | 0,002432 | 0,001216 |
| Darcy | 1857 | $\frac{h}{l} = \left(\frac{0,002028}{d} + \frac{0,00005176}{d^2}\right)v^2$ | 198 | 0,03342 | 0,00426 | 0,00206 |
| Hagen | 1870 | $\frac{h}{l} = 0,0012017 \frac{v}{d} + b\frac{v^2}{d^2}$   $b = \varphi(T)$ | 321 | 0,01553 | 0,002416 | 0,001205 |
| Lampe | 1873 | $\frac{h}{l} = 0,0008289 \frac{v^{1,802}}{d^{1,25}}$ | 4 | 0,01948 | 0,001971 | 0,0008289 |
| Ganguillet-Kutter | 1877 | $v = \frac{c}{2}\sqrt{d\cdot\frac{h}{l}}$   $c = \dfrac{23 + \dfrac{0,00155}{\left(\frac{h}{l}\right)} + \dfrac{1}{0,013}}{1 + \left(23 + \dfrac{0,00155}{\left(\frac{h}{l}\right)}\right)\dfrac{0,026}{\sqrt{d}}}$ | ? | 0,07188 | 0,002918 | 0,0009998 |
| Fanning | 1878 | $\frac{h}{l} = 0,0002443 \frac{v^2}{d}$ | 128 | 0,03056 | 0,004889 | 0,002445 |
| Franck | 1881 | $\frac{h}{l} = \left(0,000495 + \frac{0,000652}{\sqrt{d}}\right)\frac{v^2}{d}$ | 190 | 0,03500 | 0,002834 | 0,001147 |
| Reynolds | 1883 | $\frac{h}{l} = 0,00219 \frac{v^2}{d}$ | 251 | 0,02737 | 0,004379 | 0,002190 |
| Unwin | 1886 | $\frac{h}{l} = 0,0006499 \frac{v^{1,85}}{d^{1,127}}$ | ? | 0,03099 | 0,003928 | 0,001799 |
| Lueger | 1890 | $\frac{h}{l} = 4\left(\frac{0,25 + \frac{1}{2}\sqrt{d}}{50\sqrt{d}}\right)\frac{v^2}{d}$ | ? | 0,03836 | 0,002329 | 0,000899 |
| Flamant | 1892 | $\frac{h}{l} = \frac{0,00092}{\sqrt[4]{vd}}\frac{v^2}{d}$ | 552 | 0,02162 | 0,002188 | 0,00092 |
| Christen | 1903 | $v = 38,5\sqrt{\frac{h}{l}}\sqrt[8]{\left(\frac{d}{2}\right)^5}$ | 116 | 0,03270 | 0,003814 | 0,001604 |
| Saph-Schoder | 1903 | $\frac{h}{l} = 0,0006311 \frac{v^2}{d^{1,25}}$ | 686 (?) | 0,01483 | 0,001501 | 0,000631 |
| Biel | 1907 | $\frac{h}{l} = 0,004\left(0,12 + \frac{0,144}{\sqrt{d}} + \frac{0,0064}{v\sqrt{d}}\right)\frac{v^2}{d}$ | 1100 (?) | 0,03259 | 0,002661 | 0,001082 |
| Sonne | 1907 | $\frac{h}{l} = \frac{1}{100}\left(\frac{20}{29 + 30\sqrt{d}}\right)^2\frac{v^2}{d}$ | ? | 0,03557 | 0,003146 | 0,00115 |
| Bodenseher | 1911 | $\frac{h}{l} = \left(\frac{0,0004034}{d} + \frac{0,0007135}{d^{1,5}}\right)v^2$ | 121 (?) | 0,03651 | 0,002814 | 0,00111 |
| Lang | 1911 | $\frac{h}{l} = \left(\frac{d}{d_1}\right)^5\left(0,001019 + \frac{0,00009174}{\sqrt{v\cdot d}}\right)\frac{v^2}{d}$ | ? | 0,05124 | 0,007010 | 0,00399 |
| Brinkhaus | 1912 | $\frac{h}{l} = 4\left(\frac{0,40 + 0,5\sqrt{d}}{50\sqrt{d}}\right)^2\frac{v^2}{d}$ | ? | 0,07283 | 0,003606 | 0,001286 |
| Biegeleisen | 1914 | $\frac{h}{l} = 0,002568 \frac{v^{1,9}}{d^{1,1}}$ | 1761 | 0,04130 | 0,005502 | 0,002567 |

$$1000 \frac{h}{l} = 0,296 \frac{v^{1,75}}{d^{1,25}}$$

für engl. Fuß und für eine Temperatur von 55⁰ Fahrenheit; sie ergibt

$$\lambda = \frac{2g\,d\,h}{v^2\,l} = 2g\,\frac{0,296}{1000} \cdot \frac{1}{v^{0,25}\,d^{0,25}}$$

und es ist bemerkenswert, daß diese ohne Kenntnis des Ähnlichkeitsgesetzes aufgestellte Formel die demselben entsprechende Form enthalten hat: $\lambda$ ist derselben Potenz von $v$ und $d$ proportional. Blasius ergänzt sie durch Einführung von $\eta$, unter Rücksicht auf $\eta = 0,0122$ qcm/Sek. für 55⁰ F zu:

$$\left.\begin{array}{l} \lambda = 0,3164 \sqrt[4]{\dfrac{\eta}{v \cdot d}} \\[2ex] \dfrac{h}{l} = \dfrac{\lambda}{2g} \cdot \dfrac{v^2}{d} \end{array}\right\} \quad \ldots \ldots 34)$$

Da die Versuche von Reynolds, auf dieselbe Weise graphisch dargestellt, zwar mit dem Ähnlichkeitsgesetz, nicht aber mit den Saph-Schoderschen Messungen übereinstimmen, so unternahm Blasius zur Nachprüfung der Reynoldsschen Messungen eigene Versuche an Blei-, Messing-, und Glasröhren, welche die Gleichung 34) vollauf bestätigten, so daß er sie für alle neuen glatten Rohre empfiehlt.

Anders verhält es sich mit den gebrauchten Röhren. Hier ist die Größe der Unebenheiten $\varepsilon$ als neue Länge einzuführen und $\lambda$ deshalb auch noch als abhängig von $\frac{\varepsilon}{d}$ zu betrachten

$$\lambda = \varphi\left(\frac{v\,d}{\eta} \cdot \frac{\varepsilon}{d}\right)$$

wo $\varphi$ die gesuchte Funktionsgestalt bedeutet. Um sie zu finden, hat Blasius in einem Diagramm ausgewählte Versuche von Darcy und Iben an schmiedeeisernen, gußeisernen und Blechröhren dargestellt, doch streuten die Punkte so stark, daß sie zur Feststellung irgendeiner Gesetzmäßigkeit nicht zu gebrauchen waren, woraus Blasius schließt, daß die Unterlagen zur Entscheidung über die Form der Interpolation noch zu ungenau und lückenhaft sind.

Wenn auch der Anwendungsbereich der Formel von Blasius sehr beschränkt ist und sich nur auf glatte Glas-, Blei- und Messingröhren beziehen kann, so hat sie doch für uns einen großen Wert, 1. weil sie das Verfahren der logarithmischen Darstellung durch das Ähnlichkeitsgesetz theoretisch berechtigt, während es bisher nur als praktisch bequem galt; 2. weil sie die nachstehende, für Aufstellung jeder Strömungsformel wichtige Folgerung gestattet:

Wird im allgemeinen gesetzt

$$\lambda' = a \cdot \left(\frac{\eta}{v \cdot d}\right)^m$$

und in Gleichung

$$\frac{h}{l} = \lambda' \frac{l}{d} \frac{v^2}{2g}$$

substituiert, so ergibt sich

$$\frac{h}{l} = \frac{\lambda}{2g} \eta^m \frac{v^{2-m}}{d^{1+m}}$$

oder wenn

$$2 - m = n \qquad \frac{\lambda}{2g} = C$$

gesetzt wird, so erhält man

$$\frac{h}{l} = C \cdot \eta^{2-n} \frac{v^n}{d^{3-n}} \quad \ldots \ldots 35)$$

als allgemeine Gleichung einer Widerstandsformel für die Strömung des Wassers in Röhren. Wie ersichtlich, sind die Potenzexponenten durch strengen Zusammenhang miteinander gebunden.

Wir sind am Ende unserer Besprechungen der Formeln angelangt. In der Literatur finden sich zwar noch andere Formeln, die Angaben darüber waren aber so unvollständig, daß man weder ihre Grundlagen noch den Anwendungsbereich prüfen konnte; der Vollständigkeit halber werden sie hier nur erwähnt:

Blackwell $\quad \dfrac{h}{l} = 0,0001328 \dfrac{v^2}{d}$

Leslie-Jackson $\dfrac{h}{l} = 0,0001219 \dfrac{v^2}{d}$

Hawksley $\quad \dfrac{h}{l} = 0,0001323 \dfrac{v^2}{d}$

Manning $\quad \dfrac{h}{l} = 0,0008204 \dfrac{v^2}{d^{1,33}}$ (gebrauchte Röhren)

Colombo $\quad \dfrac{h}{l} = 0,001499 \dfrac{v^2}{d}$ (gebrauchte Röhren)

Geslain $\quad \dfrac{h}{l} = 0,0008325 \dfrac{v^2}{d^{1,308}}$ (neue Röhren)

$\qquad\qquad \dfrac{h}{l} = 0,001079 \dfrac{v^2}{d^{1,3}}$ (gebrauchte Röhren)

Thrupp $\quad \dfrac{h}{l} = 0,0007228 \dfrac{v^{1,85}}{d^{1,24}}$ (neue Röhren)

Die Mannigfaltigkeit der nach allen besprochenen Formeln berechneten Ergebnisse ist am besten aus folgenden Zusammenstellungen 8, 9 und 10 ersichtlich. Sie enthalten sämtliche Formeln nach ihrem Alter geordnet, und die Druckverluste für drei verschiedene Durchmesser bei Geschwindigkeit $v = 1$ m/Sek. und für zwei verschiedene Geschwindigkeiten bei 0,2 m Durchmesser sowohl für neue als auch gebrauchte gußeiserne Leitungen. Unter den Formeln befindet sich als letzte diejenige, die von uns erst im nächsten Abschnitt entwickelt werden soll, um die Zusammenstellung zu vervollständigen.

Zusammenstellung 10.

| Formel von | Druckverlust pro lfd. m in m/WS Durchmesser $d = 0,2$ m | | | |
|---|---|---|---|---|
| | Neues gußeisernes Rohr | | Gebrauchtes gußeisernes Rohr | |
| | $v = 0,6$ m/Sek. | $v = 1$ m/Sek. | $v = 0,6$ m/Sek. | $v = 1$ m/Sek. |
| Chezy . . . . . . . . . | 0,002772 | 0,007700 | 0,002772 | 0,007700 |
| Prony . . . . . . . . . | 0,002713 | 0,007306 | 0,002713 | 0,007306 |
| Eytelwein . . . . . . | 0,002287 | 0,006053 | 0,002287 | 0,006053 |
| d'Aubuisson . . . . . | 0,002583 | 0,007175 | 0,002583 | 0,007175 |
| Dupuit . . . . . . . . | 0,002841 | 0,007890 | 0,002841 | 0,007890 |
| Saint-Venant . . . . | 0,002467 | 0,005910 | 0,002467 | 0,005910 |
| Weisbach . . . . . . . | 0,002442 | 0,006080 | 0,002442 | 0,006080 |
| Darcy . . . . . . . . . | 0,002060 | 0,005723 | 0,004120 | 0,01142 |
| Hagen . . . . . . . . . | 0,002193 | 0,006092 | 0,002193 | 0,006092 |
| Lampe . . . . . . . . . | 0,002468 | 0,006197 | 0,002468 | 0,006197 |
| Ganguillet-Kutter . | 0,003227 | 0,008965 | 0,004928 | 0,01368 |
| Fanning . . . . . . . | 0,002363 | 0,006563 | 0,004301 | 0,01222 |
| Franck . . . . . . . . | 0,002471 | 0,006861 | 0,003516 | 0,009765 |
| Reynolds . . . . . . . | 0,002311 | 0,005944 | 0,003943 | 0,01095 |
| Unwin . . . . . . . . . | — | — | 0,004290 | 0,01104 |
| Lueger . . . . . . . . | — | — | 0,003245 | 0,009015 |
| Flamant . . . . . . . | 0,002264 | 0,005532 | 0,002814 | 0,006879 |
| Christen . . . . . . . | 0,002678 | 0,01769 | 0,004319 | 0,01199 |
| Saph-Schoder . . . . | 0,001648 | 0,004007 | 0,001699 | 0,004718 |
| Biel . . . . . . . . . . | 0,002329 | 0,006130 | 0,003355 | 0,009127 |
| Sonne . . . . . . . . . | 0,002318 | 0,006439 | 0,003999 | 0,01111 |
| Bodenseher . . . . . | — | — | 0,003588 | 0,009967 |
| Lang . . . . . . . . . | 0,002321 | 0,006118 | 0,007049 | 0,01868 |
| Brinkhaus . . . . . . | 0,003950 | 0,01097 | 0,005559 | 0,01544 |
| Biegeleisen . . . . . | 0,002673 | 0,007053 | 0,005715 | 0,01508 |

Wie disparat die Ergebnisse der Formeln auseinandergehen, beweisen die aus den Zusammenstellungen berechneten Unterschiede in Prozent, die zwischen dem größten und kleinsten Wert bestehen. Sie betragen:

für die Zusammenstellung 8 . . . . 287%
für die Zusammenstellung 9 . . . . 393%
für die Zusammenstellung 10 . . . . 315%.

Für die in der Einleitung geschilderten Verhältnisse können obige Ziffern als die krasseste Illustration dienen und zugleich als Beweis dafür, wie dringend nötig eine neue Formel ist, mit Rücksicht auf die in neuester Zeit durchgeführten Versuche.

### III. Über die kritische Geschwindigkeit.

Die Versuche von R e y n o l d s haben nachgewiesen, daß die Geschwindigkeit einen wesentlichen Einfluß auf die Art der Wasserströmung in den Röhren ausübt. Bis zu einer bestimmten, der »kritischen« Geschwindigkeit bewegen sich die Wasserteilchen geradlinig und parallel zur Längsachse der Rohrleitung, oberhalb derselben aber führen sie außer der fortschreitenden Bewegung noch rasch hin und her gehende turbulente Seitenbewegungen.

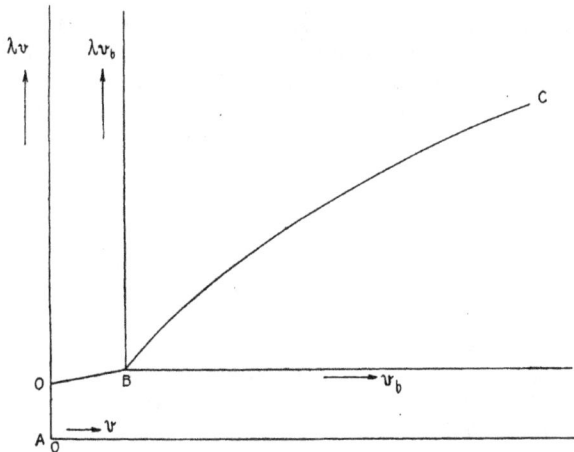

Fig. 8.

2. obere Grenzgeschwindigkeit $v_{g2}$, bis zu welcher der Übergangszustand dauert,

3. kritische Geschwindigkeit $v_k$, bei deren Überschreitung Wirbelbewegung eintritt.

Diese Einteilung scheint uns aus folgenden Gründen nicht angezeigt zu sein:

1. Es sind hier zwei Vorgänge zu unterscheiden, die unter verschiedenen Bedingungen erfolgen. Die erste kritische Geschwindigkeit (nach Gleichung 36) tritt auf, wenn das in das Rohr eintretende Wasser im Speisegefäß im Gleichgewicht ist, während die zweite kritische Geschwindigkeit (nach Gleichung 37), nach B i e l untere Grenzgeschwindigkeit genannt, dann auftritt, wenn das Wasser im Speisegefäß in keinem Gleichgewicht sich befindet. Während also R e y n o l d s zwei verschiedene Strömungsfälle untersuchte, scheint aus B i e l s Betrachtungen hervorzugehen, daß das Wasser, wenn die Geschwindigkeit wächst, zuerst die untere Grenzgeschwindigkeit, dann aber die kritische Geschwindigkeit annimmt, was den Tatsachen nicht entspricht.

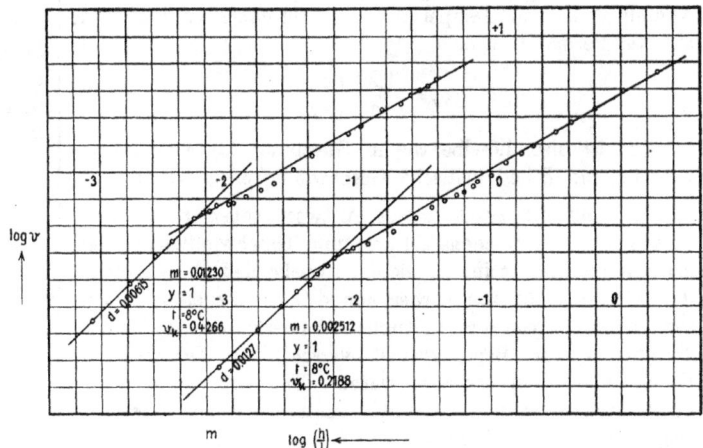

Fig. 9. Versuche von R e y n o l d s.

Um die Vorgänge in der Nähe der kritischen Geschwindigkeit zu untersuchen, ließ R e y n o l d s durch ein Glasrohr mit allmählich verjüngter Eintrittsöffnung Wasser fließen und führte in die Mitte einen Faden gefärbter Flüssigkeit. War das Wasser im Gefäß, welches die Rohrleitung speiste, in Ruhe, so fand er, daß sich die Parallelbewegung bis zu einer kritischen Geschwindigkeit aufrechterhalten läßt, und daß diese innerhalb der untersuchten Temperaturgrenzen direkt proportional dem Zähigkeitskoeffizienten und umgekehrt proportional dem Durchmesser des Rohres war, so daß

$$v_k' = \frac{1,29}{d} \cdot \left(\frac{\eta}{\gamma}\right) \quad \ldots \ldots \quad 36)$$

Nach Überschreitung der kritischen Geschwindigkeit trat Wirbelung oder Turbulenz ein.

Trat aber das Wasser nicht aus vollkommenem Ruhezustand in das Rohr, oder enthält dies scharfe Krümmungen und Unebenheiten, so wird das Gleichgewicht bereits bei einer kleineren Geschwindigkeit gestört, die R e y n o l d s zu

$$v_k'' = \frac{0,204}{d} \left(\frac{\eta}{\gamma}\right) \quad \ldots \ldots \quad 37)$$

fand. Auf Grund dieser Versuche — da sich ein gewisser Übergangszustand zwischen Parallel- und Turbulenzbewegung nachweisen läßt — glaubt B i e l (6) folgende drei Geschwindigkeiten unterscheiden zu können:

1. untere Grenzgeschwindigkeit $v_{g1}$ bei deren Unterschreitung eine anfänglich erteilte heftige Wirbelbewegung wieder in Parellelbewegung übergeht,

2. Infolge der Einführung von drei Geschwindigkeiten wird deren Rolle unklar. Z. B. ist nach B i e l für Bleirohr von 0,015 m Durchmesser und 12º C Wassertemperatur $v_{g1} = 0,164$ m/Sek., $v_{g2} = 1,72$ m/Sek. und $v_k = 1,06$ m/Sek. Das Ergebnis der Rechnung stimmt aber mit den Definitionen der Geschwindigkeit nicht überein. Die kritische Geschwindigkeit $v_k$ sollte als letzte auftreten, während sie hier die zweite in der Reihenfolge ist. Unterhalb der oberen Grenzgeschwindigkeit $v_{g2}$ sollte der Übergangszustand herrschen, während schon vorher bei $v_k = 1,06$ m/Sek. Wirbel aufgetreten sind usw. Eine von diesen Geschwindigkeiten scheint also mindestens entbehrlich zu sein.

Infolge dieser Unklarheiten sahen wir uns genötigt, zu der Originalarbeit von R e y n o l d s zurückzugreifen, und wir gelangten zu folgenden Schlußfolgerungen: R e y n o l d s unternahm zweierlei Art von Versuchen: 1. Messungen von Druckverlusten für verschiedene Wassertemperaturen und Geschwindigkeiten, 2. optische Wahrnehmungen betreffs Wirbelerscheinungen während der Strömung in den Röhren. Leider hat R e y n o l d s beide Versuchsarten nicht streng genug auseinandergehalten, wodurch er zu Mißverständnissen Anlaß gab. Die Unklarheiten lassen sich aber wegschaffen, wenn folgendes festgestellt wird: 1. die zweite Art von Versuchen bewies, daß die Parallelbewegung nach Überschreitung eines gewissen Wertes der Geschwindigkeit in Wirbelbewegung übergeht, 2. die erste Art von Versuchen bewies, daß der Zusammenhang zwischen Druckverlust und Geschwindigkeit nach Überschreitung eines gewissen

Wertes der Geschwindigkeit sich ändert. Wenn wir die erste Geschwindigkeit, bei welcher die Parallelbewegung in die turbulente Bewegung übergeht, die G r e n z g e s c h w i n d i g k e i t , die zweite aber, bei der das Gesetz der Strömungswiderstände sich ändert, die k r i t i s c h e G e - s c h w i n d i g k e i t nennen, so tauchen folgende Fragen auf.

1. Tritt die Grenzgeschwindigkeit plötzlich oder all- mählich auf, und von welchen Umständen hängt sie ab?

2. Tritt die kritische Geschwindigkeit plötzlich oder allmählich auf, und von welchen Umständen hängt sie ab?

3. Was für ein Zusammenhang läßt sich zwischen der kritischen und der Grenzgeschwindigkeit konsta- tieren?

Auch auf diese Fragen lassen die R e y n o l d s schen Versuche eine Antwort zu. Die optischen Observationen, an Glasröhren von ¼, ½ und 1″ Durchmesser, im Bereich der Geschwindigkeiten zwischen 0,5870 und 2,637 m/Sek. und Temperaturen zwischen 5 und 22⁰ C führten zum Ergebnis, daß die Grenzgeschwindigkeit plötzlich auftritt, und ihre Abhängigkeit von Temperatur und Durchmesser läßt sich auf die Formel bringen

$$v_g = \frac{1{,}29}{d} \left( \frac{\eta}{\gamma} \right) \quad . \quad . \quad . \quad . \quad . \quad 38)$$

(Es ist also dieselbe wie in Gleichung 36), von R e y - n o l d s und B i e l kritische Geschwindigkeit genannt.)

Um auf die zweite Frage Antwort geben zu können, mußte man verschiedene Drücke und Geschwindigkeiten zu erzielen imstande sein; zu diesem Zwecke ließ R e y n o l d s das Wasser nicht wie vorher aus dem Speisegefäß fließen, sondern direkt von der städtischen Wasserleitung, weil durch Drehungen am Regulierventil verschiedene Drücke und Geschwindigkeiten erzielbar waren. Die Ergebnisse dieser an Bleirohren von ⅛ und ¼″ unternommenen Versuche zeigt Fig. 9, wo als Abszissen und Ordinaten die Logarithmen von Drücken und Geschwindigkeiten dargestellt sind. Man sieht aus den Diagrammen, daß die kritische Geschwindigkeit nicht plötzlich auftritt, sondern daß ein gewisser Übergangs- zustand zwischen dem einen und dem anderen Strömungs- gesetz vorhanden ist.

Da die Praxis nur die Kenntnis des Zusammenhanges zwischen Druck und Geschwindigkeit braucht, so ist klar, daß für t e c h n i s c h e B e r e c h n u n g e n d i e G r e n z - g e s c h w i n d i g k e i t (in dem Sinne, wie wir sie oben definiert haben) k e i n e R o l l e s p i e l t ; als rein physi- kalischer Begriff wird sie uns in weiteren Betrachtungen nicht beschäftigen. Was aber die kritische Geschwindig- keit anbetrifft, so ist die Anzahl der R e y n o l d s schen Versuche zu klein, um die Gleichung 38) genügend zu be- gründen.

Auf jeden Fall scheint aber aus den Diagrammen hervor- zugehen, daß die Annahme zweier kritischen Geschwindig- keiten (die B i e l Grenzgeschwindigkeiten nennt), einer unteren am Anfang und einer oberen am Ende des Übergangs- zustandes berechtigt sei. Nun kann dies aber für die Praxis nur dann von Bedeutung sein, wenn man außer den zwei Zusammenhängen zwischen Druck und Geschwindigkeit (unter- halb der unteren und oberhalb der oberen kritischen Ge- schwindigkeit) auch noch einen dritten Zusammenhang für den Übergangszustand ermittelt, sonst bleibt — wie bei B i e l — eine unausgefüllte Lücke, die uns keine Berechnung für den Fall ermöglicht, für welchen die Geschwindigkeit einen zwi- schen den beiden kritischen Geschwindigkeiten liegenden Wert annimmt. Dieser letzte Zusammenhang läßt sich nur dann ermitteln, wenn die Gestalt der Übergangskurve A B

(Fig. 10) bekannt ist. Leider liegen darüber äußerst wenige Versuche vor, die eben im Übergangszustand versagen; der Umstand ist übrigens leicht erklärbar, unterliegen doch für diesen Zustand die Manometer den größten Schwankungen, und die Ablesungen können dann unmöglich genau sein. Kein Wunder also, daß der einzig richtige und exakte Weg, den T i c h e l m a n n (73) zur Bestimmung der Gestalt der Über- gangskurve einschlug, bisher zu eindeutigen Ergebnissen nicht geführt hat. T i c h e l m a n n glaubte aus den Ver- suchen von D a r c y , R e y n o l d s und S a p h - S c h o d e r

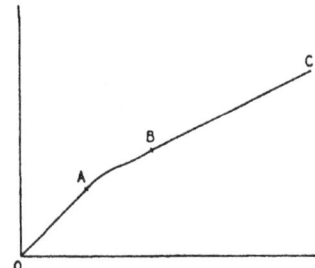

Fig. 10.

auf eine parabelartige Gestalt schließen zu dürfen, doch lagen ihm nicht Originalversuche vor, sondern er hat sie aus den B i e l schen Diagrammen kopiert, was zur Ge- nauigkeit der Konstruktion sicherlich nicht beitragen konnte. Die sich auf den Übergangszustand bezogene Glei- chung von T i c h e l m a n n

$$\frac{h}{l} = \frac{v^2}{2g} \gamma f(v_1 R),$$

worin

$$f(v_1 R) = \frac{C_1}{v} + \frac{1}{\gamma v} \sqrt{\frac{C_2}{v} + C_3},$$

ist unkontrollierbar, weil die Werte von $C_1, C_2, C_3$ nicht an- gegeben sind. Übrigens gibt T i c h e l m a n n selber den Mangel an Versuchen zu. — Was endlich die dritte von den angeschnittenen Fragen betrifft, so verliert der Zusammenhang zwischen der kritischen und der Grenzgeschwindigkeit für uns jegliche Bedeutung, sobald wir die letzte aus dem Kreis unserer Betrachtungen ausgeschieden haben.

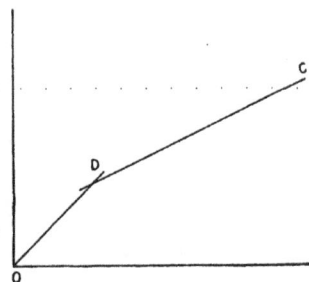

Fig. 10a.

In Erwägung der Umstände, daß:

1. die Gestalt der Übergangskurve sich aus den bisher angestellten Versuchen nicht genau bestimmen läßt,

2. die Bestimmung der kritischen Geschwindigkeit ziem- lich willkürlich ist,

schien uns das Verfahren berechtigt, welches nur einen Wert der kritischen Geschwindigkeit annimmt und sie auf dem Diagramme als e i n e n Punkt (Fig. 10 a), in welchem die Änderung des Strömungsgesetzes erfolgt, eindeutig bestimmt. Für dieses Verfahren eignen sich am besten die von uns in dieser Arbeit durchweg gebrauchten Diagramme, in denen die Logarithmen der Drücke als Abszissen, diejenigen der Geschwindigkeiten als Ordinaten aufgetragen sind, die beiden vor und nach dem Übergangszustand auftretenden Zustände lassen sich in diesen Diagrammen als gerade Linien darstellen, deren Schnittpunkt eindeutig die kritische Geschwindigkeit bestimmt. Das Verfahren leidet an zwei Ungenauigkeiten: 1. es läßt den Übergangszustand außer acht, 2. der Schnittpunkt beider Geraden fällt oft früher aus, bevor der wirkliche Übergangszustand eingetreten ist, so daß er vielmehr eine theoretische kritische Geschwindigkeit bedeutet. Dagegen besitzt es den Vorteil, diesen Wert eindeutig zu liefern, was besonders dann wichtig ist, wenn wir die Versuche untereinander vergleichen wollen, um die Abhängigkeit der kritischen Geschwindigkeit von Temperatur, Durchmesser usw. zu bestimmen. Die Einwände verlieren noch mehr an Bedeutung, wenn wir erwägen, daß auf den meisten Diagrammen der Übergangszustand recht undeutlich auftritt.

Die Versuche, die wir nach diesem Verfahren graphisch dargestellt haben, bestehen aus

1. 77 Versuchen von Reynolds an Bleiröhren von 6,15 und 12,7 mm Durchmesser,
2. 13 Versuchen von Darcy an einem schmiedeeisernen Rohr von 12,2 mm Durchmesser,
3. 125 Versuchen von Coker und Clement an einem Messingrohr von 9,722 mm Durchmesser,
4. 194 Versuchen von Saph und Schoder an Messingröhren von 2,7, 3,8, 5,6 und 9,6 mm Durchmesser,
5. 62 Versuchen von Brabbée an schmiedeeisernen Rohren von 15,1 und 19,9 mm Durchmesser;

insgesamt 471 Versuche, die sich leider zum kleinsten Teil auf schmiedeeiserne Rohre beziehen.

Die Methode der Auswertung dieser Versuche ist dieselbe, wie weiter unten im Abschnitt IV ausführlich beschrieben, über alle Einzelheiten wird also dort verwiesen.

Zusammenstellung 11.

| Temperatur in °C | Zähigkeitskoeffizient in qcm/Sek. | Spezifisches Gewicht in ccm/g | Temperatur in °C | Zähigkeitskoeffizient in qcm/Sek. | Spezifisches Gewicht in ccm/g |
|---|---|---|---|---|---|
| 0 | 0,017928 | 0,999868 | 16 | 0,011148 | 0,998970 |
| 1 | 0,0173864 | 927 | 17 | 0,010876 | 801 |
| 2 | 0,0168448 | 968 | 18 | 0,010604 | 622 |
| 3 | 0,0163032 | 992 | 19 | 0,010332 | 432 |
| 4 | 0,0157616 | 1,000000 | 20 | 0,010060 | 230 |
| 5 | 0,015220 | 0,999992 | 21 | 0,0098332 | 019 |
| 6 | 0,014797 | 968 | 22 | 0,0096064 | 0,997797 |
| 7 | 0,014374 | 929 | 23 | 0,0093796 | 565 |
| 8 | 0,013951 | 876 | 24 | 0,0091528 | 323 |
| 9 | 0,013528 | 808 | 25 | 0,008926 | 071 |
| 10 | 0,013105 | 727 | 26 | 0,0087408 | 0,996810 |
| 11 | 0,012768 | 632 | 27 | 0,0085556 | 539 |
| 12 | 0,012431 | 525 | 28 | 0,0083704 | 259 |
| 13 | 0,012094 | 404 | 29 | 0,0081852 | 0,995971 |
| 14 | 0,011757 | 271 | 30 | 0,008000 | 673 |
| 15 | 0,011420 | 126 | | | |

### a) Abhängigkeit von der Temperatur.

Als Maß des Temperatureinflusses wollen wir nach dem Vorbilde von Poiseuille den sog. Zähigkeitsmodul $\frac{\eta}{\gamma}$ einführen, welcher ein Verhältnis zwischen dem Zähigkeitskoeffizienten $\eta$ und dem spezifischen Gewicht des Wassers $\gamma$ darstellt, weil derselbe mit der Temperatur sich wesentlich ändert. Da wir ihn öfters brauchen werden, so enthält die Zusammenstellung 11 Werte von $\eta$ und $\gamma$ für Temperaturen von 0 bis 30° C nach den neuesten Erfahrungen von Thorpe und Rodger (s. Landoldt-Börnstein: Physikalisch-chemische Tabellen. 1913), Zwischenwerte sind durch Interpolation gefunden. Die größte Temperaturskala enthalten die Ver-

suche an einem Messingrohr von Coker und Clement, aus deren graphischer Darstellung wir ablesen

für 4,0° C kritische Geschwindigkeit $v_k = 0,164$ m/Sek.
» 10,8° C » » $v_k = 0,132$ »
» 21,2° C » » $v_k = 0,099$ »
» 30,4° C » » $v_k = 0,082$ »
» 35,0° C » » $v_k = 0,073$ »
» 39,0° C » » $v_k = 0,067$ »
» 50,0° C » » $v_k = 0,055$ »

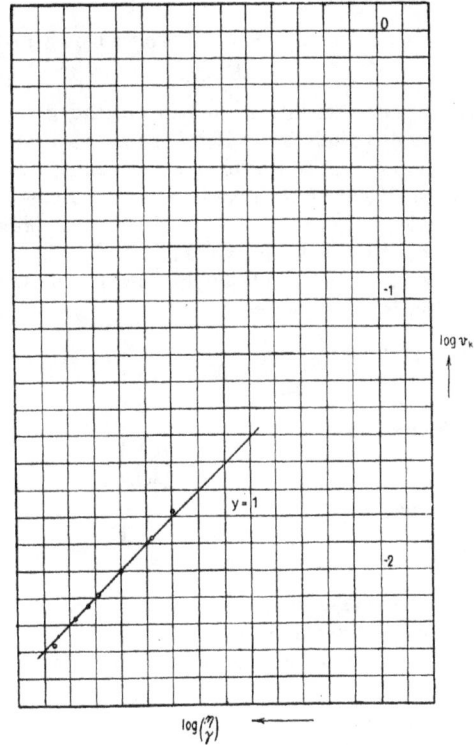

Fig. 11. Abhängigkeit der kritischen Geschwindigkeit von der Temperatur.

Werden in einem Diagramme auf der Abszissenachse die Logarithmen der kritischen Geschwindigkeiten, auf der Ordinatenachse diejenigen der den betreffenden Temperaturen entsprechenden Werte von $\frac{\eta}{\gamma}$, wie in Fig. 11, so ergibt sich die Gleichung

$$v_k = C\left(\frac{\eta}{\gamma}\right) \quad \ldots \ldots \ldots \quad 39)$$

worin $C$ einen von Durchmesser und Rohrbeschaffenheit abhängigen Faktor bedeutet. Angesichts der ungenügenden Anzahl der an anderen Röhren unternommenen Versuche bleibt nur die Annahme übrig, dieselbe Gleichung gelte auch für eiserne Rohrleitungen. Für die Bestimmung des Faktors $C$ ist wichtig:

### b) Abhängigkeit vom Durchmesser.

Für schmiedeeiserne Rohre gelten die Versuche von Brabbée, welche, graphisch dargestellt, ergeben

| Durchmesser in m | Temperatur in °C | Kritische Geschwindigkeit in m/Sek. |
|---|---|---|
| 0,0151 | 18 | 0,09550 |
| 0,0151 | 60 | 0,04266 |
| 0,0199 | 15 | 0,08518 |
| 0,0199 | 13 | 0,09120 |

Wird wieder ein Diagramm konstruiert, in welchem die Logarithmen der Verhältnisse $\left(v_k : \frac{\eta}{\gamma}\right)$ auf der Abszissenachse, die Logarithmen der Durchmesser als Ordinaten angetragen werden, so gilt die Gleichung

$$v_k = \frac{0,5972}{d^{0,646}} \left(\frac{\eta}{\gamma}\right) \quad \ldots \ldots \quad 40)$$

Es ist nicht zu verhehlen, daß die geringe Anzahl der obigen Werte nicht ausreichend ist, um die Gleichung 40) sicherzustellen; es wäre also zu wünschen, daß mehr Versuche über die kritische Geschwindigkeit in schmiedeeisernen Rohren angestellt werden.

### c) Abhängigkeit von Rohrbeschaffenheit.

Es ist zwar ersichtlich, daß in Gleichung 40) der Wert 0,5972 eine den Einfluß der Rohrbeschaffenheit ausdrückende Konstante bedeutet, doch lohnt es sich infolge der geringen Anzahl der Versuche an schmiedeeisernen Rohren zur Kontrolle analoge Berechnungen an Blei- und Messingrohren nach Versuchen von Reynolds, Saph-Schoder und Coker-Clement durchzuführen. Es ergeben sich dann folgende Gleichungen

für Messingröhren

$$v_k = \frac{0,0537}{d^{1,15}} \left(\frac{\eta}{\gamma}\right)$$

für Bleiröhren

$$v_k = \frac{0,2818}{d^{0,92}} \left(\frac{\eta}{\gamma}\right) \Bigg\} \quad \ldots \ldots \quad 40a)$$

für schmiedeeiserne Röhren

$$v_k = \frac{0,5972}{d^{0,646}} \left(\frac{\eta}{\gamma}\right)$$

Was die gußeisernen Rohre betrifft, so ergeben sämtliche Versuche, graphisch dargestellt, eine durchweg gerade Linie ohne jedwede Richtungsänderung, oder mit anderen

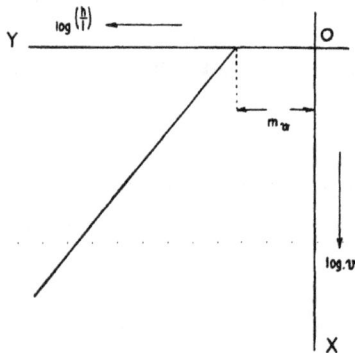

Fig. 12.

Worten, alle Geschwindigkeiten, welche in Wirklichkeit während der Strömung des Wassers durch gußeiserne Rohrleitungen entstehen, liegen oberhalb der kritischen Geschwindigkeit, so daß für praktische Berechnungen die letztere gänzlich zu vernachlässigen und nur ein Gesetz für die Strömung in Röhren aufzustellen ist.

Nicht anders verhält es sich aber mit der Bedeutung der kritischen Geschwindigkeit für Berechnung von schmiedeeisernen Rohren. Folgende Zusammenstellung 12 enthält die nach Gleichung 40) berechneten Werte der kritischen Geschwindigkeiten. Da in dem praktischen Betrieb der Wasserleitungen die Geschwindigkeit in den gußeisernen Rohrleitungen nicht unter **0,05 m/Sek.**, in den schmiedeeisernen nicht unter **0,10 m/Sek.** herabsinkt, so ist mit einer für die Praxis ausreichenden Genauigkeit anzunehmen, daß **alle in dem Betrieb der Wasserrohrleitungen vorkommenden Geschwindigkeiten**

**oberhalb der kritischen Geschwindigkeit liegen.** Die Berechnung der Wasserrohrleitungen wird dadurch wesentlich vereinfacht, wir brauchen uns mit dem physikalisch so wichtigen Problem der kritischen Geschwindigkeit nicht weiter zu befassen und wenden uns endgültig zu den Verhältnissen oberhalb derselben.

Zusammenstellung 12.

|  | Durchmesser in mm | Kritische Geschwindigkeit in m/Sek. |
|---|---|---|
| Schmiedeeiserne Rohre | 20 | 0,09298 |
| | 25 | 0,08050 |
| | 30 | 0,07155 |
| | 40 | 0,05942 |
| | 50 | 0,05144 |
| Gußeiserne Rohre . . | 60 | 0,04572 |
| | 70 | 0,04139 |
| | 80 | 0,03797 |
| | 90 | 0,03519 |
| | 100 | 0,03287 |
| | 125 | 0,02846 |
| | 150 | 0,02529 |
| | 175 | 0,02290 |
| | 200 | 0,02101 |
| | 225 | 0,01947 |
| | 250 | 0,01819 |
| | 275 | 0,01710 |
| | 300 | 0,01632 |

### IV. Aufstellung der neuen Formel.

Sowohl die Kritik aller bisherigen Formeln als auch die Besprechung der Versuche haben die Forderung nahegelegt, daß in einer genauen Formel für die Strömung des Wassers in den Röhren der Druckverlust als Funktion von drei Ver-

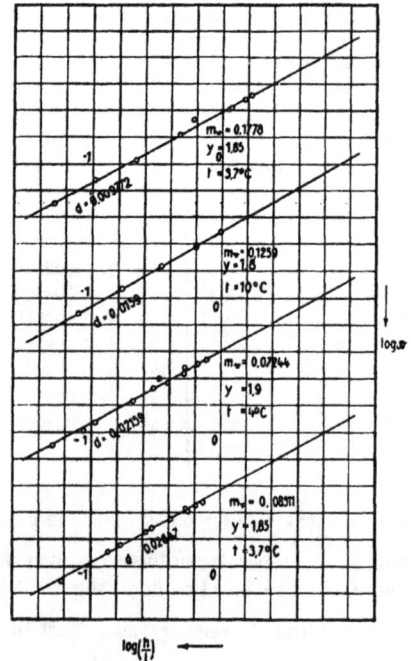

Fig. 13. Versuche von Saph-Schoder.

änderlichen: a) der Temperatur bzw. der Zähigkeit, b) der Geschwindigkeit und c) des Durchmessers dargestellt werden muß, während der Rohrstoff und die Rohrbeschaffenheit durch einen Koeffizienten ausgedrückt werden. Da unsere Kenntnisse des letzteren nicht ausreichen, um denselben als Funktion von zwei Veränderlichen zu berechnen, so müssen wir für jeden Stoff und jede Art von Wandflächen einen besonderen Koeffizienten aufstellen. Hier — wo uns ausschließlich eiserne Rohre interessieren — wird also zu unterscheiden sein zwischen schmiedeeisernen und gußeisernen Rohren, für welche der Koeffizient getrennt aufzustellen ist, dann aber wird die graphische Darstellung der Versuche entscheiden, wie viel Werte für ihn den verschiedenen Rauheitsgraden der Rohre gemäß anzunehmen sind. Im allgemeinen ist also die geforderte Form der Gleichung

$$\frac{h}{l} = m \left(\frac{\eta}{\gamma}\right)^x v^y d^z \quad \ldots \ldots \quad 41)$$

worin bedeuten

$x, y, z$ = die gesuchten Potenzexponenten,
$m$ = den Koeffizienten des Rohrstoffes und der Rauheit.

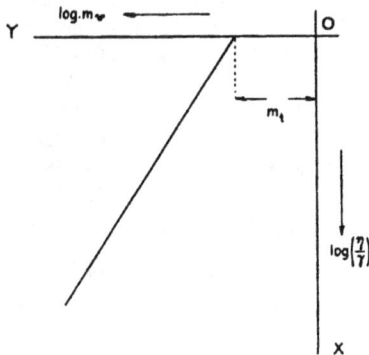

Fig. 14.

Zur Auswertung der Versuche haben wir folgenden Weg eingeschlagen:

1. Es werden von allen Versuchen nur diejenigen ausgewählt, welche für einen gegebenen Durchmesser bei konstanter Wassertemperatur durchgeführt wurden, so daß nur die Geschwindigkeit sich änderte, also für

$$d^z = \text{const} = D \qquad \left(\frac{\eta}{\gamma}\right)^x = \text{const} = T \qquad v \text{ — veränderlich}$$

dann ist nach Gleichung 41)

$$\frac{h}{l} = m \cdot T \cdot D \cdot v^y \quad \ldots \ldots \quad 42)$$

oder wenn gesetzt wird

$$m \cdot T \cdot D = m_v \quad \ldots \ldots \quad 43)$$

$$\frac{h}{l} = m_v v^y \quad \ldots \ldots \quad 44)$$

Die letzte Gleichung stellt eine gerade Linie dar:

$$\log \frac{h}{l} = y \cdot \log v + \log m_v$$

deren Koordinaten $\log \left(\frac{h}{l}\right)$ und $\log v$ sind, wie Fig. 12 zeigt. Die Gerade schneidet auf der $o\,y$-Achse die Länge $m_v$ ab und bildet mit der positiven $O\,X$-Achse einen Winkel, dessen Tangente $y$ ist. Auf diese Weise wurden alle im Abschnitt I besprochenen Versuche graphisch dargestellt und aus jedem Diagramm die Werte von $m_v$ und $y$ ermittelt. Die große Anzahl dieser Diagramme verbietet uns, alle hier anzuführen, nur beispielshalber werden auf Fig. 13 die einige Versuche von S a p h - S c h o d e r darstellenden Diagramme gezeigt.

2. Nun wählen wir die beim konstanten Durchmesser und konstanter Geschwindigkeit jedoch für veränderliche Temperaturen durchgeführten Versuche. Da in Wirklichkeit solche Versuche auch bei sich ändernder Geschwindigkeit gemacht wurden, so wird, um den Einfluß der letzteren auszu-

schalten, der Druckverlust für Geschwindigkeit 1 m/Sek. berechnet, welcher eben durch die sub 1) erwähnte Strecke $m_v$ dargestellt wird, also

$$\text{für } d^z = \text{const} = D \qquad v^y = 1 \qquad \left(\frac{\eta}{\gamma}\right) \text{ veränderlich}$$

ist nach Gleichung 43)

$$m_v = m D \left(\frac{\eta}{\gamma}\right)^x \quad \ldots \ldots \quad 45)$$

oder wenn gesetzt wird

$$m D = m_t \quad \ldots \ldots \quad 46)$$

$$m_v = m_t \left(\frac{\eta}{\gamma}\right)^x \quad \ldots \ldots \quad 47)$$

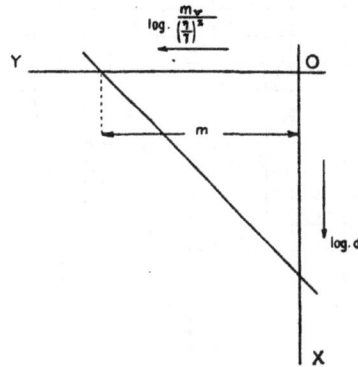

Fig. 15.

Es ist die Gleichung einer geraden Linie (Fig. 14)

$$\log m_v = x \cdot \log \left(\frac{\eta}{\gamma}\right) + \log m_t$$

deren Koordinaten $\log m_v$ und $\log \left(\frac{\eta}{\gamma}\right)$ sind. Die Gerade schreitet auf der $Y$-Achse die Strecke $m_t$ ab und bildet mit

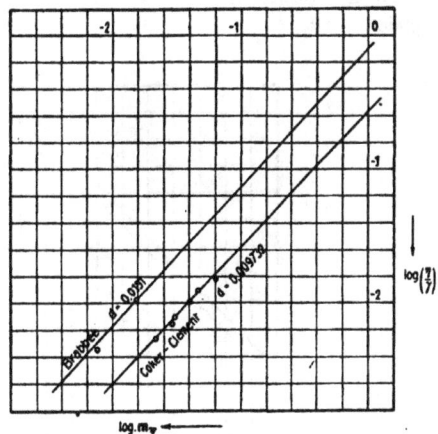

Fig. 16. Einfluß der Temperatur in schmiedeeisernen Rohren unterhalb der kritischen Geschwindigkeit.

der positiven $X$-Achse einen Winkel, dessen Tangente $x$ ist. Infolge der geringen Anzahl der auf diese Weise verfügbaren Versuche wurde aus den Diagrammen nur $x$ abgelesen, von der Bestimmung von $m_t$ aber abgesehen, um so mehr als sich nach Gleichung 46) dieser Koeffizient als Produkt von Durchmesser und einem viel genauer, sub 3), bestimmbaren Werte $m$ mittelbar berechnen läßt.

3. Endlich werden Versuche gewählt, die bei konstanter Temperatur und Geschwindigkeit für verschiedene Durchmesser angestellt werden. Da aber wieder solche Versuche tatsächlich nicht vorhanden sind, so wurden, um den Einfluß der Geschwindigkeit zu eliminieren, nur diejenigen bei Ge-

schwindigkeit 1 m/Sek. berücksichtigt bzw. nach 2. berechnet, so daß für

$$v^y = 1 \qquad d \text{ veränderlich}$$

nach Gleichung 47) gilt

$$m_v = m \left(\frac{\eta}{\gamma}\right)^x d^z \quad \ldots \ldots \quad 48)$$

oder

$$\frac{m_v}{\left(\frac{\eta}{\gamma}\right)^x} = m \cdot d^z \quad \ldots \ldots \quad 49)$$

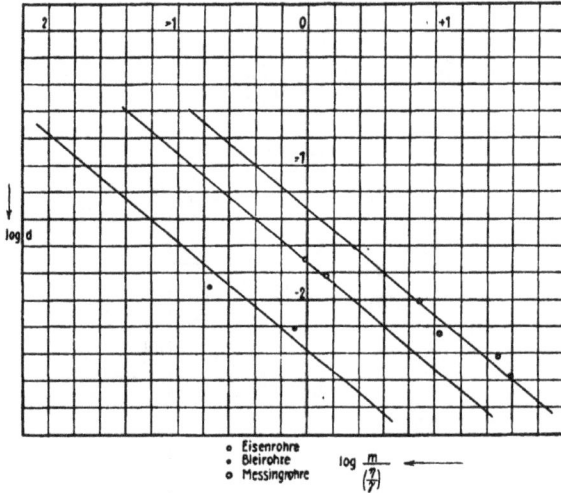

Fig. 17. Einfluß des Durchmessers unterhalb der kritischen Geschwindigkeit in schmiedeeisernen Rohren.

Die Gleichung 49) stellt eine gerade Linie (Fig. 15) dar

$$\log \frac{m_v}{\left(\frac{\eta}{\gamma}\right)^x} = z \cdot \log d + \log m$$

deren Koordinaten die Logarithmen von $\left[m_v : \left(\frac{\eta}{\gamma}\right)^x\right]$ und von $d$ sind. Die Gerade schneidet auf der $Y$-Achse die Strecke $m$ und bildet mit der positiven $X$-Achse einen Winkel, dessen Tangente gleich $z$ ist.

denselben Stoff die Werte von $m$ verschieden aus, so ist darin der Einfluß der Rauheit zu konstatieren. Für die Aufzeichnung aller Diagramme wurde gewöhnliches Millimeterpapier, nicht aber das jetzt so beliebte Papier mit Logarithmenteilung verwendet, weil das letztere äußerst genaue Winkelablesungen erfordert, was in dem ersteren nicht notwendig ist. Wie später nachgewiesen, geben beide Auftragungsweisen gleich genaue Resultate.

### 1. Schmiedeeiserne Rohre.

#### A. Unterhalb der kritischen Geschwindigkeit[1]).

##### a) Einfluß der Temperatur.

Auswertbar sind nur die Versuche von Brabbée

| | | |
|---|---|---|
| für $t = 18^0$ C | $d = 0,0151$ m | $m_v = 0,01479$ |
| $t = 60^0$ C | $d = 0,0151$ m | $m_v = 0,007586.$ |

Da andere Versuche an schmiedeeisernen Rohren nicht vorliegen, so stellen wir vergleichsweise auch die Versuche von Coker-Clement an Messingröhren zusammen

| für $t =$ | | $m_v =$ |
|---|---|---|
| 4,5[0] C | | 0,06310 |
| 11,2 | | 0,04756 |
| 18,1 | | 0,03981 |
| 31,1 | | 0,03020 |
| 37,8 | | 0,02884 |
| 49,3 | | 0,02138. |

Werden in einem Diagramme (Fig. 16) die Logarithmen von $m_v$ und entsprechenden $\left(\frac{\eta}{\gamma}\right)$ als Koordinaten aufgetragen, so erhält man nach Gleichung 47) die Gleichung einer geraden Linie

$$m_v = m_t \left(\frac{\eta}{\gamma}\right)^x$$

wobei aus dem Diagramm folgt $x = 1$. Unter der Voraussetzung, daß sich der Einfluß der Temperatur in den Messing- wie in den Eisenröhren auf dieselbe Weise bemerkbar macht (während $m_t$ vom Rohrstoff und anderen Faktoren abhängig ist), wird auf dem Diagramm durch zwei Punkte von Brabbée eine zur Coker-Clementschen parallele Linie gezogen, so daß auch für schmiedeeiserne Rohre die Gleichung gilt:

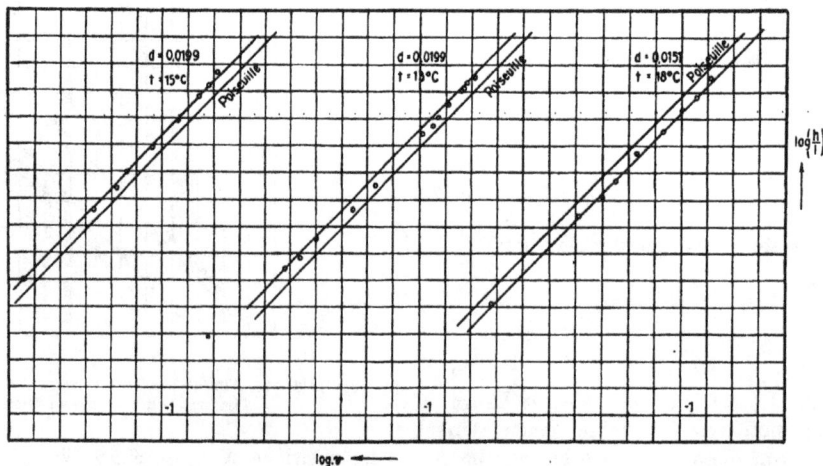

Fig. 18. Versuche von Brabbée.

Zusammenfassend sehen wir, daß sich aus den Diagrammen nach Fig. 12 der Wert von $y$, aus denjenigen nach Fig. 14 der Wert von $x$ und aus demjenigen nach Fig. 15 der Wert von $z$ und $m$ ergibt, so daß nunmehr die vollständige Gleichung für die Strömung des Wassers durch die Röhren nach Gleichung 41) aufgestellt werden kann.

Wie bereits erwähnt, haben wir die Werte von $m$ getrennt für schmiedeeiserne und gußeiserne Rohre bestimmt, um die gegen Biel gemachten Einwände zu vermeiden; fielen aber für

$$m_v = m_t \left(\frac{\eta}{\gamma}\right) \quad \ldots \ldots \quad 50)$$

Allerdings wäre hier eine größere Zahl von Versuchen sehr nötig.

---

[1]) Die Verhältnisse unterhalb der kritischen Geschwindigkeit sind zwar für praktische Berechnungen entbehrlich, doch haben wir der Vollständigkeit halber auch sie in unsere Betrachtungen mit einbezogen.

b) Einfluß des Durchmessers.

Auch hier stehen nur zwei Versuche von Brabbée zur Verfügung:

$$d = 0,0151 \text{ m} \qquad t = 18^0 \text{ C} \qquad m_v = 0,01479$$
$$0,0199 \qquad\qquad 13 \qquad\qquad 0,01148.$$

Infolgedessen werden auch Versuche an Blei- und Messingrohren vergleichsweise berücksichtigt.

Bleirohr $\quad d = 0,0127 \quad t = 8^0 \text{ C} \quad m_v = 0,002512 \quad$ Reynolds
$\qquad\qquad 0,00615 \qquad 8 \qquad\qquad 0,0123 \qquad$ »
Messingrohr $d = 0,0096 \; t = 20,6^0 \text{ C} \; m_v = 0,03548 \;$ Saph-Schoder
$\qquad\qquad 0,0056 \qquad 17 \qquad\quad 0,1175 \qquad$ »
$\qquad\qquad 0,0038 \qquad 21,6 \qquad 0,2951 \qquad$ »
$\qquad\qquad 0,0027 \qquad 3,2 \qquad\; 0,6166 \qquad$ »

Nach Verfahren 3) wird ein Diagramm (Fig. 17) aufgezeichnet, in welchem die Logarithmen von $\left[ m_v : \left( \dfrac{\eta}{\gamma} \right) \right]$ und von $d$ als Abszissen und Koordinaten aufgetragen werden, so daß nach Gleichung 49) gilt:

$$m_v : \left( \frac{\eta}{\gamma} \right) = m \cdot d^z.$$

Aus dem Diagramm erhellt

$$m = 0,0074 \qquad z = 1,3$$

für schmiedeeiserne Röhren.

c) Einfluß der Geschwindigkeit.

Dasselbe Diagramm ergibt

| | | |
|---|---|---|
| schmiedeeisernes Rohr | $d = 0,0151 \text{ m}$ | $y = 1$ |
| | $0,0199$ | $1$ |
| Bleirohr | $d = 0,0127$ | $y = 1$ |
| | $0,00615$ | $1$ |
| Messingrohr | $d = 0,0096$ | $y = 1$ |
| | $0,0056$ | $1$ |
| | $0,0038$ | $1$ |
| | $0,0027$ | $1,04.$ |

Im Mittel also $\qquad y = 1.$

d) Gleichung für die Reibungsverluste unterhalb der kritischen Geschwindigkeit.

$$\frac{h}{l} = \frac{0,0074}{d^{1,3}} \left( \frac{\eta}{\gamma} \right) \cdot v \quad \ldots \ldots \quad 51)$$

Weitere Versuche über die Verhältnisse unterhalb der kritischen Geschwindigkeit wären sehr wünschenswert. Die Gleichung 51), obwohl sie von dem Poiseuilleschen Gesetz (s. Gleichung 7 a) abweicht, zeigt doch eine gute Übereinstimmung mit den Versuchen von Brabbée, wie Fig. 18 zeigt, die ebenfalls von der Poiseuilleschen Gleichung abweichen.

**B. Oberhalb der kritischen Geschwindigkeit.**

a) Einfluß der Temperatur.

Die Anzahl der hier zur Verfügung stehenden Versuche ist schon erheblich größer, vor allen Dingen diejenigen von Brabbée ergeben

$$d = 0,0294 \text{ m} \qquad t = 13,0^0 \text{ C} \qquad m_v = 0,03286$$
$$29,5 \qquad\qquad 0,02884$$
$$48,5 \qquad\qquad 0,02754$$
$$90,0 \qquad\qquad 0,025512$$
$$d = 0,0246 \text{ m} \qquad t = 13,5^0 \text{ C} \qquad m_v = 0,06026$$
$$30,0 \qquad\qquad 0,05495$$
$$48,4 \qquad\qquad 0,05012$$
$$88,8 \qquad\qquad 0,04786$$

$$d = 0,0147 \text{ m} \qquad t = 15,0^0 \text{ C} \qquad m_v = 0,1072$$
$$30,5 \qquad\qquad 0,09772$$
$$50,9 \qquad\qquad 0,08910$$
$$86,8 \qquad\qquad 0,08511.$$

Es mögen zum Vergleich auch die Werte von Coker-Clement zusammengestellt werden:

(Messingrohr) $\; d = 0,009732 \text{ m} \qquad t = 4,0^0 \text{ C} \qquad m_v = 0,2138$
$$10,8 \qquad\qquad 0,1862$$
$$21,2 \qquad\qquad 0,1778$$
$$30,4 \qquad\qquad 0,1698$$
$$35,0 \qquad\qquad 0,1660$$
$$39,0 \qquad\qquad 0,1660$$
$$49,3 \qquad\qquad 0,1515$$

Werden in einem Diagramm die Werte von $m_v$ als Abszissen, die entsprechenden $\left( \dfrac{\eta}{\gamma} \right)$ als Ordinate (Fig. 19) aufgetragen, so ergibt sich nach Gleichung 47)

$$x = 0,20,$$

folglich

$$m_v = m_t \left( \frac{\eta}{\gamma} \right)^{0,20}$$

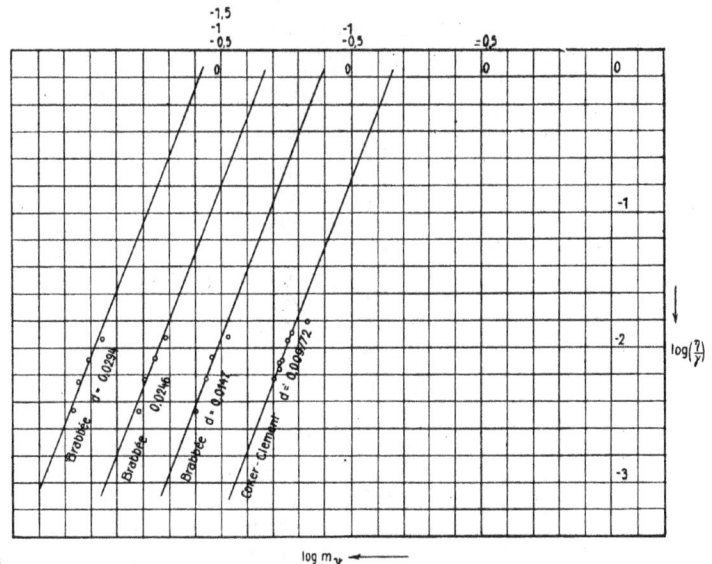

Fig. 19. Einfluß der Temperatur oberhalb der kritischen Geschwindigkeit in gußeisernen Röhren.

Wie ersichtlich, ist der Einfluß der Temperatur ein anderer unterhalb der kritischen Geschwindigkeit als oberhalb derselben.

b) Einfluß des Durchmessers.

Für alle hier zu benutzenden Versuche von Brabbée, Saph-Schoder, Darcy, Iben, Schoder, Davis wurden auf Grund von Gleichung 49) die Werte $m_v : \left( \dfrac{\eta}{\gamma} \right)^{0,2}$ berechnet. Die $m_v$-Werte, bezogen auf normale in den Wasserleitungen herrschende Temperatur, zeigen für schmiedeeiserne Muffen- und Flanschenrohre diejenigen Unterschiede nicht, die sich bei Temperaturen $> 20^0$ C bemerkbar machen, so daß hier beide Rohrgattungen zusammen behandelt werden konnten. Die Zusammenstellung 13 enthält diese Werte. Aus dem danach und nach Fig. 14 konstruierten Diagramm (Fig. 20) ergibt sich ziemlich genau

$$m = 0,001862 \qquad z = 1,2.$$

## c) Einfluß der Geschwindigkeit.

Die Übereinstimmung der Versuche ist hier nicht so groß wie bei b). Während bei allen Experimentatoren der Potenzexponent konstant ist, ändert er sich nach B r a b b é e mit der Temperatur. Wird die Größe der bei solchen Versuchen nicht zu vermeidenden Fehler in Rücksicht gezogen, so erscheint die eine wie die andere Hypothese gleichberechtigt, da die in den Diagrammen auftretende gerade Linie sich durch beide Gleichungen ebensowohl mit einem veränderlichen wie mit einem konstanten mittleren Potenzexponenten darstellen läßt. So fand z. B. B r a b b é e auf Grund eines im logarithmischen Maßstab gezeichneten Diagrammes

$$d = 14{,}7 \text{ mm} \qquad d = 24{,}6 \text{ mm}$$

| | | | |
|---|---|---|---|
| $t = 15{,}0^0$ C | $y = 1{,}753$ | $t = 13{,}5^0$ C | $y = 1{,}779$ |
| 30,5 | 1,773 | 30,0 | 1,810 |
| 50,9 | 1,801 | 48,8 | 1,885 |
| 86,8 | 1,815 | 88,8 | 1,860 |

$$d = 29{,}4 \text{ mm}$$

| | |
|---|---|
| $t = 13{,}0^0$ C | $y = 1{,}724$ |
| 29,5 | 1,758 |
| 48,5 | 1,781 |
| 90,0 | 1,814 |

### Zusammenstellung 13.

| Durchmesser d in m | Temperatur t in ° C | $m_v$ | $m_v : \left(\frac{\eta}{\gamma}\right)^{0,2}$ | Experimentator |
|---|---|---|---|---|
| 0,0147 | 15 | 0,1072 | 0,2563 | Brabbée |
| 0,0151 | 15 | 0,1100 | 0,2446 | » |
| 0,0246 | 14 | 0,06026 | 0,1474 | » |
| 0,0197 | 15 | 0,07586 | 0,1856 | » |
| 0,0203 | 15 | 0,08128 | 0,1988 | » |
| 0,0250 | 15 | 0,05495 | 0,1344 | » |
| 0,0336 | 15 | 0,03875 | 0,0948 | » |
| 0,0388 | 15 | 0,03113 | 0,07616 | » |
| 0,0493 | 15 | 0,02360 | 0,05773 | » |
| 0,0562 | 15 | 0,01995 | 0,04880 | » |
| 0,070 | 15 | 0,01738 | 0,04251 | » |
| 0,0829 | 15 | 0,01330 | 0,03254 | » |
| 0,0946 | 15 | 0,01064 | 0,02597 | » |
| 0,1072 | 15 | 0,00890 | 0,02177 | » |
| 0,1186 | 15 | 0,007802 | 0,01909 | » |
| 0,1307 | 15 | 0,006963 | 0,01703 | » |
| 0,02647 | 4 | 0,08511 | 0,1952 | Saph - Schoder |
| 0,02159 | 4 | 0,07244 | 0,1661 | » |
| 0,0159 | 10 | 0,1259 | 0,2998 | » |
| 0,009772 | 4 | 0,1778 | 0,4078 | » |
| 0,0122 | 24 | 0,2188 | 0,5594 | Darcy |
| 0,0266 | 19 | 0,06607 | 0,1649 | » |
| 0,0395 | 14 | 0,03981 | 0,09968 | » |
| 0,1543 | 21 | 0,007943 | 0,0202 | Schoder |
| 0,0524 | 12 | 0,02188 | 0,05261 | Davis |
| 0,0257 | 5 | 0,0759 | 0,1753 | Iben |

Werden dieselben Versuche in einem gewöhnlichen Diagramm mit Logarithmen der Drücke und Geschwindigkeiten als Koordinaten umgezeichnet, so erhält man

$$d = 14{,}7 \text{ mm} \qquad d = 24{,}6 \text{ mm}$$

| | | | |
|---|---|---|---|
| $t = 15{,}0^0$ C | $y = 1{,}796$ | $t = 13{,}5^0$ C | $y = 1{,}767$ |
| 30,5 | 1,772 | 30,0 | 1,774 |
| 50,9 | 1,810 | 48,8 | 1,860 |
| 86,8 | 1,845 | 88,8 | 1,850 |

$$d = 29{,}4 \text{ mm}$$

| | |
|---|---|
| $t = 13{,}0^0$ C | $y = 1{,}732$ |
| 29,5 | 1,750 |
| 48,5 | 1,733 |
| 90,0 | 1,778 |

Hier ist schon der Zuwachs von $y$ nicht mehr so unmittelbar ersichtlich. Da aber die für die Wasserrohrleitungen in Betracht kommende Temperatur zwischen 0 und $20^0$ C schwankt, so darf man getrost einen mittleren Wert von $y$ annehmen, um so mehr als in diesen Grenzen der Potenzexponent entweder sehr unmerklich wächst oder auch abnimmt. Andere Versuche, wie z. B. von C o k e r - C l e m e n t , sprechen für die Konstanz des Exponenten, sie fanden:

| | | |
|---|---|---|
| für $t =$ | 4,0⁰ C | $y = 1{,}718$ |
| | 10,8 | 1,82 |
| | 21,2 | 1,744 |
| | 30,4 | 1,75 |
| | 35,0 | 1,738 |
| | 39,0 | 1,733 |
| | 49,3 | 1,7. |

Es bleibt nur die Frage übrig, ob vielleicht unser Verfahren nicht so genau ist wie dasjenige von B r a b b é e . Wir haben zu diesem Zwecke die B r a b b é e schen Versuche an dem Durchmesser 14,7 mm-Rohr sowohl mit den Ablesungen aus seinen als auch den unsrigen Diagrammen zusammengestellt und beide Male die Abweichungen von den Versuchen

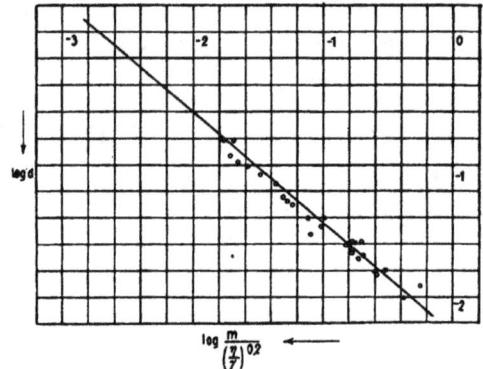

Fig. 20. Einfluß des Durchmessers oberhalb der kritischen Geschwindigkeit in schmiedeeisernen Röhren.

berechnet. Zusammenstellung 14 enthält diese Werte, und sie beweist, daß die Unterschiede so gering sind, daß beide Verfahren als gleichwertig betrachtet werden können.

Die Zusammenstellung 15 enthält alle Werte von $y$ nach unserem Verfahren berechnet. Sie weichen so wenig voneinander ab, daß wir ohne weiteres den Mittelwert bilden können

$$y = 1{,}80.$$

### d) Gleichung für die Reibungswiderstände oberhalb der kritischen Geschwindigkeit.

Mit Berücksichtigung von B. a), b), c) erhalten wir die allgemeine Gleichung für die Druckverluste in schmiedeeisernen Röhren

$$\frac{h}{l} = 0{,}001862 \left(\frac{\eta}{\gamma}\right)^{0,2} \frac{v^{1,8}}{d^{1,2}} \quad \ldots \quad 52)$$

Es ist interessant und verdient hervorgehoben zu werden, daß diese Gleichung mit dem in Gleichung 35) formulierten Ähnlichkeitsgesetz vollkommen übereinstimmt, wird nämlich dort $n = 1{,}8$ eingesetzt, so ergibt sich Gleichung 52). So ist unsere aus rein experimentellen Grundlagen abgeleitete Strömungsformel auch theoretisch berechtigt. Für $12^0$ C normale Wassertemperatur ergibt sich aus Gleichung 52)

$$\frac{h}{l} = 0{,}0007745 \frac{v^{1,8}}{d^{1,2}} \quad \ldots \quad 53)$$

Da in der Praxis sehr oft die Wassermenge $Q = \frac{d^2 \pi}{4} \cdot v$ in cbm/Sek. gegeben ist, so ist auch

$$\frac{h}{l} = 0{,}001196 \frac{Q^{1,8}}{d^{4,8}} \quad \ldots \quad 54)$$

## Zusammenstellung 14.

*d = 14,7 mm*

**t = 15,0° C**

| | | | | | | |
|---|---|---|---|---|---|---|
| v | 0,215 | 0,488 | 0,643 | 0,902 | 1,387 | 1,75 |
| h — gemessen | 6,68 | 29,5 | 48,7 | 87,2 | 188 | 284 |
| h — nach dem Diagramm (1) von Brabbée | 7,18 | 30,3 | 48,9 | 88,5 | 188 | 283 |
| h — nach dem Diagramm (2) von Biegeleisen | 6,78 | 29,5 | 48,5 | 89,1 | 192 | 292 |
| Fehler des Diagramms (1) in % | +7,5 | +2,7 | +0,5 | +1,5 | ±0 | −0,5 |
| Fehler des Diagramms (2) in % | +1,5 | ±0 | −0,4 | +2,2 | +2,1 | +2,8 |

Mittlerer Fehler des Diagramms (1): +2,5  
Mittlerer Fehler des Diagramms (2): +1,9

**t = 30,5° C**

| | | | | | | | |
|---|---|---|---|---|---|---|---|
| v | 1,303 | 0,313 | 0,485 | 0,658 | 0,958 | 1,423 | 1,76 |
| h — gemessen | 167 | 12,65 | 26,9 | 45,4 | 89,6 | 180 | 267 |
| h — nach dem Diagramm (1) von Brabbée | 168,5 | 12,02 | 26,22 | 44,5 | 88,3 | 178,8 | 261 |
| h — nach dem Diagramm (2) von Biegeleisen | 172 | 12,47 | 27,1 | 45,8 | 90,6 | 182 | 266 |
| Fehler des Diagramms (1) in % | −0,9 | −5,0 | −2,5 | −2,2 | −1,5 | −0,7 | −2,3 |
| Fehler des Diagramms (2) in % | +3,0 | −4,4 | +0,7 | +0,9 | +1,1 | +1,1 | −0,4 |

Mittlerer Fehler des Diagramms (1): −2,4  
Mittlerer Fehler des Diagramms (2): −0,9  
Totaler mittlerer Fehler des Diagramms (1): +1,1  
Totaler mittlerer Fehler des Diagramms (2): +1,3

**t = 50,9° C**

| | | | | | | |
|---|---|---|---|---|---|---|
| v | 0,355 | 0,480 | 0,735 | 0,958 | 1,394 | 1,765 |
| h — gemessen | 14,1 | 24,1 | 51,4 | 82,8 | 161 | 255 |
| h — nach dem Diagramm (1) von Brabbée | 13,75 | 23,7 | 51,1 | 82,5 | 162,4 | 248,5 |
| h — nach dem Diagramm (2) von Biegeleisen | 13,7 | 23,6 | 51,1 | 82,5 | 162,6 | 249,2 |
| Fehler des Diagramms (1) in % | −2,2 | −1,4 | −0,5 | −0,4 | +0,8 | −2,3 |
| Fehler des Diagramms (2) in % | −2,8 | −2,1 | −0,5 | −0,4 | +0,9 | −2,3 |

Mittlerer Fehler des Diagramms (1): −1,4  
Mittlerer Fehler des Diagramms (2): −1,6  
Totaler mittlerer Fehler des Diagramms (1): −1,5  
Totaler mittlerer Fehler des Diagramms (2): −1,55

**t = 86,8° C**

| | | | | | | |
|---|---|---|---|---|---|---|
| v | 0,344 | 0,476 | 0,724 | 1,053 | 1,416 | 1,735 |
| h — gemessen | 12,5 | 22,1 | 46,5 | 91,2 | 160 | 232 |
| h — nach dem Diagramm (1) von Brabbée | 12,17 | 22,0 | 47,3 | 93,6 | 160,2 | 232 |
| h — nach dem Diagramm (2) von Biegeleisen | 11,9 | 21,6 | 46,8 | 93,6 | 161,7 | 235,2 |
| Fehler des Diagramms (1) in % | −2,8 | −0,5 | +1,6 | +2,6 | +0,3 | ±0 |
| Fehler des Diagramms (2) in % | −4,8 | −2,3 | +0,6 | +2,6 | +1,1 | +1,4 |

Mittlerer Fehler des Diagramms (1): −1,7  
Mittlerer Fehler des Diagramms (2): −3,5

## Zusammenstellung 15.

| Durchmesser d in m | y | Experimentator | Durchmesser d in m | y | Experimentator |
|---|---|---|---|---|---|
| 0,0294 | 1,732 | Brabbée | 0,0252 | 1,750 | Brabbée |
| 0,0246 | 1,767 | » | 0,0340 | 1,790 | » |
| 0,0147 | 1,796 | » | 0,0384 | 1,790 | » |
| 0,0199 | 1,979 | » | 0,0337 | 1,820 | » |
| 0,0151 | 1,789 | » | 0,0344 | 1,780 | » |
| 0,0562 | 1,810 | » | 0,0322 | 1,800 | » |
| 0,07 | 1,800 | » | 0,0386 | 1,880 | » |
| 0,0829 | 1,800 | » | 0,0394 | 1,770 | » |
| 0,1072 | 1,790 | » | 0,0485 | 1,780 | » |
| 0,1186 | 1 790 | » | 0,0501 | 1,820 | » |
| 0,1307 | 1,796 | » | 0,0122 | 1,830 | Darcy |
| 0,015 | 1,786 | » | 0,0266 | 1,840 | » |
| 0,0146 | 1.830 | » | 0,0395 | 1,840 | » |
| 0,0197 | 1,780 | » | 0 02647 | 1,850 | Saph-Schoder |
| 0,0194 | 1,830 | » | 0,02159 | 1,900 | » |
| 0,0203 | 1,880 | » | 0,0159 | 1,800 | » |
| 0,0193 | 1,830 | » | 0,009772 | 1,850 | » |
| 0,0202 | 1,750 | » | 0,0257 | 2,074 | Iben |
| 0,0248 | 1,770 | » | 0,01543 | 1,780 | Schoder |
| 0,0246 | 1,790 | » | 0,0524 | 1,840 | Davis |
| 0,0250 | 1,770 | » | | | |

### 2. Gußeiserne Rohre.

Da die Versuche an gußeisernen Rohren solche Übereinstimmung untereinander wie die schmiedeeisernen nicht aufweisen, so sind sie nach Gruppen in Zusammenstellung 16 gesammelt worden. Diese Zusammenstellung braucht noch näher erläutert zu werden.

Reihe I derselben enthält die Durchmesser der untersuchten Leitungen, Reihe II die Anzahl der durchgeführten Versuche. Da diese Versuche von verschiedenen Experimentatoren, bei Anwendung von verschiedenen Meßapparaten und Meßmethoden angestellt worden sind, so ist auch deren Genauigkeit nicht dieselbe. Nach der Methode der Ausgleichsrechnung war es deshalb unentbehrlich, B e o b a c h t u n g s g e w i c h t e einzuführen. Sie wurden wie folgt angenommen:

Gewicht = 3 Genauigkeit der Laboratorienversuche, wahrscheinlicher Fehler ± 3%.

Gewicht = 2 Technische Messung unter Bedingungen des praktischen Betriebes, wahrscheinlicher Fehler ± 8%.

Gewicht = 1 Technische Messung, unvollkommen oder zu wenig Versuche, wahrscheinlicher Fehler ± 15%.

Wenn auch zugegeben werden muß, daß sowohl diese Einteilung wie auch die Schätzung, zu welcher von diesen Gruppen jeder Versuch zuzuzählen ist, viel Willkürliches enthält, so ist das Verfahren nichtsdestoweniger unumgänglich notwendig, wenn man nicht will, daß die ungenauen Versuche die genauen nachteilig beeinflussen. Wir haben auch Sorge getragen, diese Schätzung in Reihe III so sorgfältig wie möglich, mit Berücksichtigung aller für die Genauigkeit in Betracht kommenden Umstände (s. Abschnitt I) vorzunehmen.

Den wesentlichen Grund der Abweichungen der Versuchsergebnisse untereinander bilden die Inkrustationen und Ablagerungen, die an der inneren Wandfläche entweder nach längerem Gebrauch oder infolge schlechter Wasserbeschaffenheit entstehen und auf die Größe der Druckverluste einen großen Einfluß ausüben. Diese bis auf den heutigen Tag noch nicht erschöpfend behandelte Frage erfordert die Einteilung der Rohre nach Beschaffenheit ihrer inneren Wandflächen, oder — wie wir uns kurz ausdrücken — nach ihrem Rauheitsgrade. Wir haben gesehen, daß die Methode von B i e l, welche dabei den Rohrstoff nicht berücksichtigt, nicht einwandfrei ist, daß ebenso die Methode von L a n g , welche die Dicke der Ablagerungen als Funktion des Alters einführt, den Versuchen nicht entspricht (weil Wasser von schlechter Beschaffenheit viel eher inkrustiert als reines Wasser) und auch in der Praxis nicht gut anwendbar ist. Irgendeine, wenn auch annähernd geltende Gesetzmäßigkeit ist auf diesem so wenig erforschten Gebiete nur dann zu erlangen, wenn Rauheitsgrade nicht von vornherein angenommen, sondern von den Versuchen deduziert werden. Wir haben deshalb folgenderweise verfahren: Wenn wir die Einflüsse von Durchmesser, Temperatur und Geschwindigkeit ausschalten, so bleibt nur der gesuchte Einfluß der Rauheit übrig. Wenn sich also nach Ausschaltung der zwei letztgenannten Einflüsse für denselben Durchmesser verschiedene Werte von $m$ ergeben, so ist das ein Zeichen dafür, daß die untersuchten Leitungen verschiedene Rauheitsgrade aufweisen. Werden in einem Diagramme (Fig. 21) die Logarithmen der Durchmesser und der

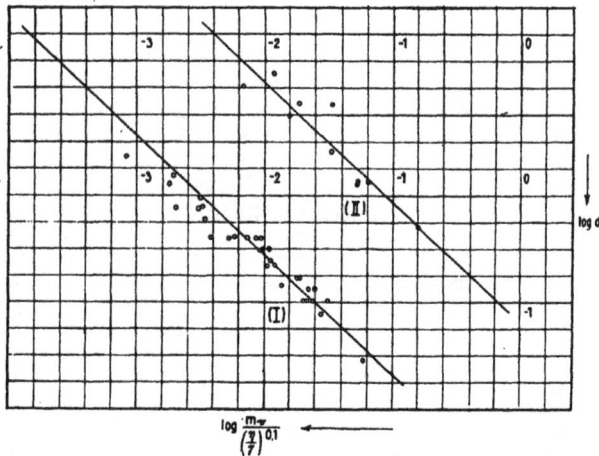

Fig. 21. Einfluß des Durchmessers oberhalb der kritischen Geschwindigkeit in gußeisernen Röhren.

$m$-Werte aufgetragen, so kann man verschiedene Gesetzmäßigkeiten je nach dem Rauheitsgrad feststellen. Wieviel Gesetzmäßigkeiten aus dem Diagramm sich ergeben, so viele Rauheitsgrade müssen unterschieden werden. Nun sind nach unserem Diagramm mit großer Annäherung zwei Gesetzmäßigkeiten zu unterscheiden; die eine entspricht dem Rauheitsgrad I (neue Röhren), die andere dem Rauheitsgrad II (gebrauchte Röhren mit Ablagerungen ohne Rücksicht auf ihr Alter und ihre Art). Es kommen zwar vereinzelte $m$-Werte vor, die keiner der beiden Gruppen angehören und für welche ein dritter Rauheitsgrad (Rohre mit sehr starken Ablagerungen) annehmbar wäre, doch infolge geringer Anzahl dieser Werte und der Ausnahmezustände, bei denen sie ermittelt wurden, haben wir sie außer acht gelassen. Reihe 3 enthält die Ergebnisse dieser Betrachtungen.

Reihe 5 gibt die Temperaturen des Wassers an; wo bei Versuchsbeschreibungen die Angaben darüber fehlten, wurde die Temperatur zu 12° C angenommen. Reihe 6 enthält die $m_v$-Werte, Reihe 7 die Werte von $m_v = \left(\dfrac{\eta}{\gamma}\right)^{0,1}$, beide sind aus den Diagrammen auf eine später zu beschreibende Weise ermittelt worden. Reihe 8 gibt die ebenfalls aus den Diagrammen erhältlichen Potenzexponenten $y$.

### a) Der Einfluß der Temperatur.

Der Bereich der Temperaturen, in welchem alle bisherigen Versuche an gußeisernen Rohren durchgeführt wurden, ist zu eng begrenzt (1 bis 20° C), daß sich daraus irgendwelche Gesetzmäßigkeiten ableiten ließen. Keiner der Experimentatoren hat den Einfluß der Temperatur berücksichtigt, er ist so weit vernachlässigt worden, daß sehr oft die Tempe-

ratur gar nicht gemessen wurde. Aus Mangel an Unterlagen haben wir das Ähnlichkeitsgesetz angewendet, und da — wie weiter unten ausgeführt — nach c) der Potenzexponent $y = 1,9$ gefunden worden ist, so muß der Potenzexponent bei Temperatur nach Gleichung 35) $2 - y = 0,1$ betragen, so daß

$$m_v = m_t \left(\frac{\eta}{\gamma}\right)^{0,1}$$

### b) Der Einfluß des Durchmessers.

Aus dem Diagramm (Fig. 21), wo die Logarithmen der Ausdrücke $m_v : \left(\dfrac{\eta}{\gamma}\right)^{0,1}$ als Abszissen, die Logarithmen der Durchmesser als Ordinaten aufgetragen worden sind, ergeben sich mit hinreichender Ausdrücklichkeit zwei Gesetzmäßigkeiten, oder mit anderen Worten: es sind zwei Rauheitsgrade für neue und gebrauchte Rohre anzunehmen. Der Einwand, der gemacht werden könnte, daß die sub a) angenommene Hypothese bezüglich des Temperatureinflusses jeder experimentellen Grundlage entbehrt, verliert viel an seiner Kraft, wenn erwogen wird, daß wir zur Kontrolle noch ein anderes Diagramm konstruierten, in welchem die Logarithmen von $m_v$ und $d$ (ohne Berücksichtigung der Temperatur) als Koordinaten dienten, und doch war die sich ergebende gerade Linie der früheren Lage parallel, d. h. die Art des Einflusses vom Durchmesser änderte sich nicht. Wir erhalten also aus Fig. 21.

$$m_v = 0,001862 \left(\frac{\eta}{\gamma}\right)^{0,1} \quad z = 1,1 \quad \text{für den Rauheitsgrad I}$$

$$m_v = 0,002568 \left(\frac{\eta}{\gamma}\right)^{0,1} \quad z = 1,1 \quad \text{für den Rauheitsgrad II}$$

### c) Einfluß der Geschwindigkeit.

Nach Zusammenstellung 16 erhalten wir für den Potenzexponenten $y$ mit Rücksicht auf Gewichte der Beobachtungen

$$y = 1,855 \quad \text{für den Rauheitsgrad I,}$$
$$y = 1,9 \quad \text{für den Rauheitsgrad,}$$

so daß wir im Mittel für beide Rauheitsgrade

$$y = 1,9$$

annehmen.

### d) Gleichung für die Reibungsverluste.

Mit Rücksicht auf B. a), b), c) erhalten wir

für den Rauheitsgrad I $\quad \dfrac{h}{l} = 0,001862 \left(\dfrac{\eta}{\gamma}\right)^{0,1} \dfrac{v^{1,9}}{d^{1,1}}$

für den Rauheitsgrad II $\quad \dfrac{h}{l} = 0,003981 \left(\dfrac{\eta}{\gamma}\right)^{0,1} \dfrac{v^{1,9}}{d^{1,1}}$ $\quad$ . 55)

oder wenn normale Wassertemperatur zu 12° C angenommen wird

für den Rauheitsgrad I $\quad \dfrac{h}{l} = 0,0012 \dfrac{v^{1,9}}{d^{1,1}}$

für den Rauheitsgrad II $\quad \dfrac{h}{l} = 0,002567 \dfrac{v^{1,9}}{d^{1,1}}$ $\quad$ . . . 56)

oder endlich nach Einsetzung von $Q$ cbm/Sek. $= \dfrac{d^2 \pi}{4} v$

für den Rauheitsgrad I $\quad \dfrac{h}{l} = 0,0019 \dfrac{Q^{1,9}}{d^{4,9}}$

für den Rauheitsgrad II $\quad \dfrac{h}{l} = 0,004061 \dfrac{Q^{1,9}}{d^{4,9}}$ $\quad$ . . 57)

Um rasche Anwendung der Formeln in der Praxis zu erleichtern, legte man bisher meistens T a b e l l e n an, die zwar hinreichende Genauigkeit, dafür aber den Nachteil besaßen, sehr umfangreich zu sein und viel Platz einzunehmen, ohne des allzu großen Arbeits- und Zeitaufwandes zu gedenken, der zur Berechnung derartiger Tabellen nötig war.

Dagegen ermöglichen die graphischen Methoden und besonders deren jüngster Zweig die durch d'O c a g n e [1]) geschaffene N o m o g r a p h i e , auch die verwickeltste Gleichung von beliebig vielen Variabeln auf einfache und genaue Weise graphisch darzustellen. Die Rechnung mittels N o m o g r a m m e n geht äußerst bequem und schnell vor sich, und es möge der Wunsch nicht unausgesprochen bleiben, daß die in Frankreich und Amerika so verbreiteten Nomogramme auch bei uns, wo Ingenieur B o d e n s e h e r sie zuerst eingeführt hat, sich größerer Beliebtheit erfreuen mögen.

Über die Prinzipien der Nomogramme sei kurz folgendes gesagt. Um eine beliebige Formel, z. B.

$$a_1 \cdot a_2 = a_3$$

graphisch darzustellen, hat man bisher auf zwei rechtwinkeligen Achsen $O\,X$ und $O\,Y$ (Fig. 22) im beliebigen Maßstab die den Werten von $a_1$ und $a_2$ proportionalen Strecken gemessen

$$x = m\,a_1 \qquad\qquad y = n\,a_2,$$

[1]) d'Ocagne: Traité de la Nomographie. Paris 1859.

wo $m$ und $n$ beliebige Größen waren. Die irgendeinem Werte von $a_1$ und $a_2$ entsprechenden Koordinaten ergaben den Punkt $a_3$, welcher der Kurve

$$x\,y = m\,n \cdot a_3$$

angehörte. Für jeden Wert von $a_3$ ergab sich eine andere Kurve, und es entstand daraus ein Kurvennetz, von deren jede mit dem ihr entsprechenden numerischen Werte zu versehen war. Z. B. für $a_1 = 2$, $a_2 = 3$ geht die Kurve 6 durch den Schnittpunkt ihrer Koordinaten, folglich $2 \cdot 3 = 6$ usw.

Die Anwendung von Logarithmen erlaubt uns, die Aufzeichnung solcher Diagramme zu erleichtern, indem sie die Kurven durch gerade Linien ersetzt. In unserem Beispiel ist dann

$$\log a_1 + \log a_2 = \log a_3.$$

Wir tragen also auf den Koordinatenachsen

$$x = \log a_1 \qquad\qquad y = \log a_2$$

auf, dann werden die Kurven zu geraden Linien

$$x + y = \log a_3.$$

Zusammenstellung 16.

| Nr. | 1 Durchmesser in m | 2 Anzahl der Versuche | 3 Beobachtungsgewicht | 4 Rauheitsgrad | 5 Wassertemperatur in °C | 6 $m_v$ | 7 $m_v : \left(\frac{\eta}{\gamma}\right)^{0,1}$ | 8 $v$ | 9 Experimentator |
|---|---|---|---|---|---|---|---|---|---|
| 1 | 0,0359 | 7 | 3 | II | 7 | 0,1047 | 0,1600 | 2 | Darcy |
| 2 | 0,0364 | 7 | 3 | I | 5 | 0,0389 | 0,05912 | 1,808 | » |
| 3 | 0,0795 | 6 | 3 | II | 6 | 0,03467 | 0,05284 | 1,802 | » |
| 4 | 0,0801 | 6 | 3 | I | 6 | 0,01778 | 0,02773 | 1,823 | » |
| 5 | 0,0819 | 11 | 3 | I | 16 | 0,01698 | 0,02662 | 1,914 | » |
| 6 | 0,137 | 10 | 3 | I | 15 | 0,00871 | 0,01362 | 1,89 | » |
| 7 | 0,188 | 7 | 3 | I | 15 | 0,006607 | 0,01033 | 1,929 | » |
| 8 | 0,243 | 8 | 3 | II | 15 | 0,01 | 0,01564 | 2 | » |
| 9 | 0,245 | 9 | 3 | I | 15 | 0,0588 | 0,009196 | 2 | » |
| 10 | 0,297 | 7 | 3 | I | 21,5 | 0,004169 | 0,006615 | 2 | » |
| 11 | 0,500 | 5 | 2 | I | 20,5 | 0,001995 | 0,003163 | 1,826 | » |
| 12 | 0,102 | 5 | 2 | I | 2 | 0,01585 | 0,02383 | 1,936 | Iben (Hamburg) |
| 13 | 0,102 | 4 | 2 | I | 5 | 0,01318 | 0,02003 | 1,937 | » |
| 14 | 0,152 | 5 | 2 | I | 19 | 0,01202 | 0,01856 | 1,92 | » |
| 15 | 0,152 | 12 | 2 | I | 9 | 0,01148 | 0,01765 | 1,9 | » |
| 16 | 0,305 | 8 | 1 | I | 9 | 0,005495 | 0,008596 | 1,85 | » |
| 17 | 0,305 | 16 | 2 | I | 16 | 0,002512 | 0,003839 | 1,94 | » |
| 18 | 0,305 | 10 | 3 | I | 7 | 0,003311 | 0,005201 | 1,95 | » |
| 19 | 0,305 | 8 | 2 | I | 17 | 0,004786 | 0,007178 | 1,744 | » |
| 20 | 0,305 | 7 | 2 | I | 1 | 0,00631 | 0,009462 | 1,85 | » |
| 21 | 0,305 | 6 | 2 | II | 1 | 0,01230 | 0,01845 | 1,93 | » |
| 22 | 0,305 | 15 | 2 | II | 1 | 0,02188 | 0,03281 | 2 | » |
| 23 | 0,508 | 4 | 2 | I | 1 | 0,001995 | 0,002992 | 1,85 | » |
| 24 | 0,508 | 8 | 2 | II | 1 | 0,007586 | 0,01164 | 1,94 | » |
| 25 | 0,252 | 10 | 3 | I | 7,5 | 0,00588 | 0,009055 | 2 | Iben (Stuttgart) |
| 26 | 0,202 | 4 | 3 | I | 9 | 0,007079 | 0,01085 | 1,92 | » |
| 27 | 0,253 | 10 | 2 | I | 8 | 0,00631 | 0,00959 | 1,9 | » |
| 28 | 0,253 | 10 | 2 | II | 5 | 0,007244 | 0,01101 | 1,93 | » |
| 29 | 0,101 | 6 | 3 | I | 5 | 0,0138 | 0,02115 | 1,707 | » |
| 30 | 0,050 | 10 | 2 | II | 8 | 0,04074 | 0,06245 | 1,85 | » |
| 31 | 0,306 | 8 | 2 | I | 8 | 0,003802 | 0,005647 | 1,652 | » |
| 32 | 1,524 | 8 | 2 | II | 5 | 0,000871 | 0,001376 | 2 | Fenkel |
| 33 | 0,125 | 9 | 2 | I | 19 | 0,01585 | 0,02458 | 1,7 | Meunier |
| 34 | 0,135 | 6 | 1 | II | nicht angegeben | 0,02138 | 0,03315 | 2 | » |
| 35 | 0,200 | 4 | 1 | II | » | 0,007586 | 0,01176 | 1,9 | » |
| 36 | 0,600 | 5 | 1 | I | » | 0,001995 | 0,003093 | 1,626 | » |
| 37 | 0,900 | 6 | 1 | I | » | 0,00123 | 0,001907 | 1,969 | » |
| 38 | 0,760 | 13 | 1 | II | » | 0,001148 | 0,001780 | 1,626 | Darrach |
| 39 | 0,508 | 8 | 1 | I | » | 0,002089 | 0,003239 | 2,233 | Brush |
| 40 | 0,419 | 4 | 2 | I | » | 0,002188 | 0,003392 | 1,655 | Lampe |
| 41 | 1,220 | 4 | 2 | I | » | 0,0005248 | 0,0008138 | 2 | Stearns |
| 42 | 0,407 | 3 | 2 | II | » | 0,004365 | 0,006769 | 2 | Fanning |
| 43 | 0,0752 | 5 | 2 | I | » | 0,03311 | 0,05135 | 1,575 | Lawford |
| 44 | 0,1016 | 8 | 2 | I | » | 0,01995 | 0,03093 | 1,667 | » |
| 45 | 0,127 | 4 | 2 | II | » | 0,01445 | 0,02241 | 1,673 | » |

Die wesentlichste Vereinfachung der Diagramme hat d'Ocagne durch seine Theorie isopleter Punkte veranlaßt, welche mittels Parallelkoordinaten das gesamte Netz von Kurven oder Geraden durch soviel gerade oder krumme Linien ersetzt, wieviel Variabeln vorhanden sind. Um die Wichtigkeit dieses Fortschritts schätzen zu können, genügt darauf hinzuweisen, daß in unserem Beispiel das ganze Netz zu drei im logarithmischen Maßstab gezeichneten geraden

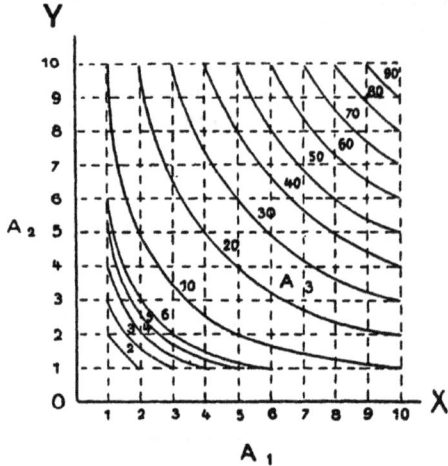

Fig. 22.

Linien reduziert wird (Fig. 23), wobei je drei der Gleichung $a_1 \cdot a_2 = a_3$ entsprechende Werte auf einer geraden Linie liegen, so daß sich durch Verbindung von zweien der dritte ergibt. Z. B. für $a_1 = 2$, $a_2 = 3$ erhält man $a_3 = 6$. Selbstverständlich werden bei Anwendung von Nomogrammen in der Praxis diese Linien nicht gezeichnet, sondern man

welches teilweise auch in Fig. 24 wiedergegeben wird. Es wird abgelesen

für $Q = 0{,}01$ cbm/Sek. $d = 0{,}225$ m $\frac{h}{l} = 0{,}00045$.

Rechnungsmäßig bei Anwendung von vierstelligen Logarithmen ergibt sich aus Gleichung 57)

$$\frac{h}{l} = 0{,}0004499.$$

so daß der Fehler des Nomogramms $+ 0{,}02\%$ beträgt. — Auf 500 m Länge erhalten wir dann $h = 0{,}0045 \cdot 500 = 2{,}225$ m Druckverlust.

Beispiel 2. Wieviel Wasser liefert eine gußeiserne Rohrleitung von 125 mm lichtem Durchmesser und 100 m Länge, wenn 0,55 m Druckhöhe zu Verfügung stehen?

Aus dem Nomogramm wird abgelesen

für $\frac{h}{l} = 0{,}0055$ $d = 0{,}125$ $Q = 0{,}0082$ cbm/Sek.

Rechnungsmäßig ergibt sich aus Gleichung 57)

$$Q = 0{,}008202 \text{ cbm/Sek.,}$$

so daß der Fehler des Nomogramms $- 0{,}003\%$ beträgt.

Beispiel 3. Welchen Durchmesser erhält eine gußeiserne Rohrleitung, wenn auf 100 m Rohrlänge 3 m Druckhöhe verfügbar sind und eine Wassermenge von 15 l/Sek. zu liefern ist?

Für $\frac{h}{l} = 0{,}003$ und $Q = 0{,}015$ cbm/Sek. ergibt die Ablesung auf dem Nomogramm einen zwischen 0,175 und 200 liegenden Punkt. Der Sicherheit halber wird $d = 0{,}200$ m angenommen.

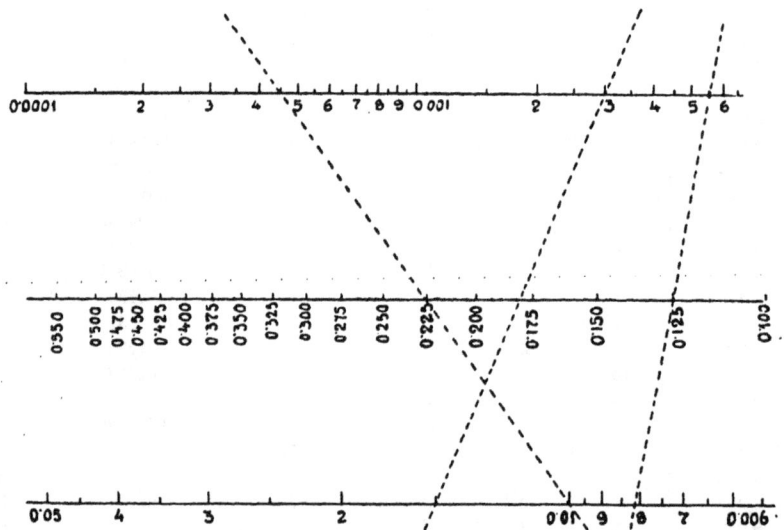

Fig. 23.

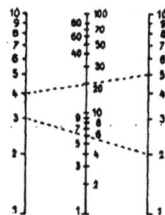

Fig. 24.

gebraucht zu diesem Zwecke die Zelluloiddreiecke oder -Lineale.

Demgemäß haben wir auch unsere grundlegenden Gleichungen 54) und 59) durch die drei Fig. 25, 26 und 27 gezeichneten Nomogramme dargestellt. Ihre Anwendungsart und Genauigkeit werden am besten an folgenden Beispielen erläutert:

Beispiel 1. Wie groß ist der Druckverlust in einer 225 mm weiten und 500 m langen gußeisernen Rohrleitung, durch welche 10 l/Sek. hindurchfließen?

Da in der Praxis meistens mit dem Rauheitsgrad I zu rechnen ist, so ist das Nomogramm Fig. 26 zu benutzen,

Wie ersichtlich ist die Rechnung mittels Nomogrammen sehr einfach und schnell, die Fehler der Ablesungen sind aber so unmerklich, daß eine für die Praxis hinreichende Genauigkeit verfügbar ist. Was die beiden Rauheitsgrade anbetrifft, so wird bei städtischen Wasserversorgungen, in denen schlechte Wasserbeschaffenheit wohl auszuschließen ist, mit dem Rauheitsgrade I zu rechnen sein; Rauheitsgrad II käme dagegen in Betracht für Nutzwasserleitungen, Einzelwasserversorgungsanlagen auf dem Lande u. dgl., wo die Beschaffenheit des Wassers zu Inkrustationen Anlaß geben kann.

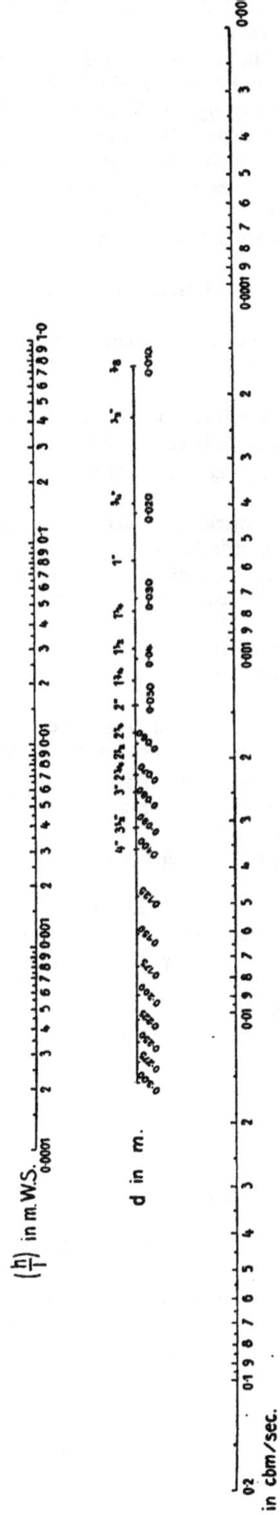

Fig. 25. Nomogramm für schmiedeiserne Leitungen.

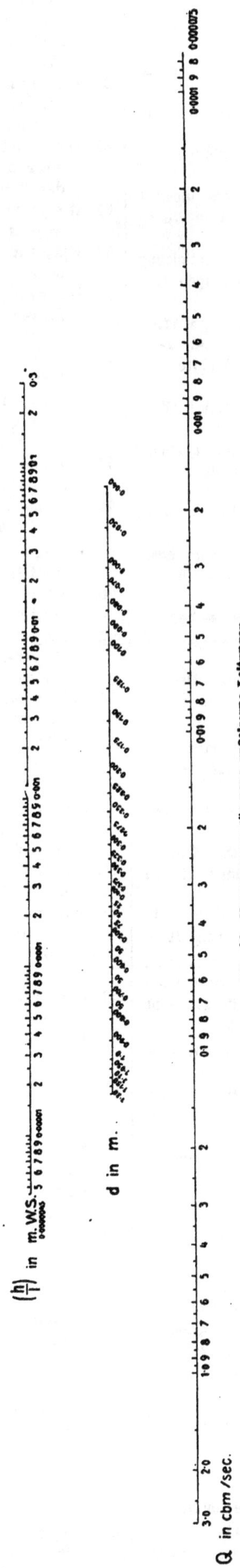

Fig. 26. Nomogramm für neue gußeiserne Leitungen.

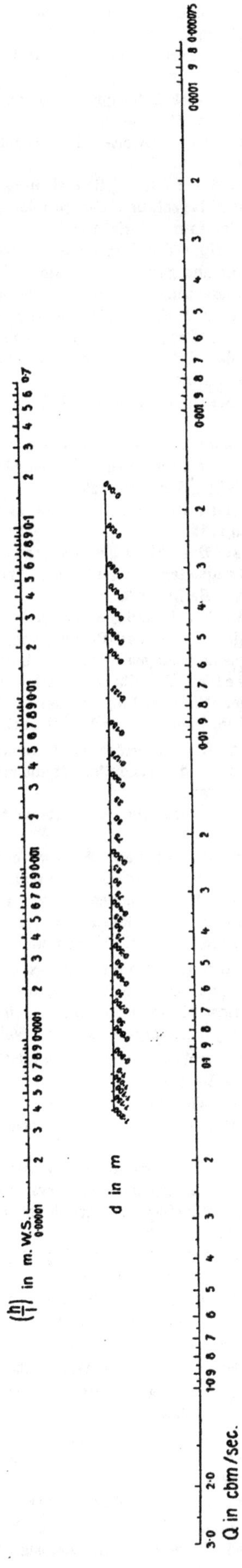

Fig. 27. Nomogramm für gebrauchte gußeiserne Leitungen.

### Literaturverzeichnis.

1. **Aubuisson de Voisin**: Traité d'hydraulique à l'usage des ingénieurs. Paris 1834.
2. **Bossut**: Nouvelle expérience sur la résistance des fluides. Paris 1777.
3. **Bossut**: Traité théorique et expérimental d'hydrodynamique. Paris 1795.
4. **Boussinesq**: Théorie de l'écoulement tourbillonnant. Paris 1897.
5. **Bertrand L.**: Description et usage d'un abaque destiné à faciliter la solution des problèmes relatifs à la distribution des eaux. Paris 1895.
6. **Biel R.**: Über den Druckhöhenverlust bei der Fortleitung tropfbarer und gasförmiger Flüssigkeiten. Mitteilungen über Forschungsarbeiten. Heft 44. Berlin 1907.
7. **Bubendey J. F.**: Praktische Hydraulik. Leipzig 1911.
8. **Budau A.**: Der gegenwärtige Stand der Hydraulik. Zeitschrift des Österreichischen Ingenieur- und Architekten-Vereines. 1912.
9. **Budau A.**: Kurzgefaßtes Lehrbuch der Hydraulik. Wien 1913.
10. **Bodaszewski**: Strömung reibender Flüssigkeiten in Rohrleitungen. Zeitschrift des Österreichischen Ingenieur- und Architekten-Vereines. 1906.
11. **Brinkhaus P.**: Das Rohrnetz städtischer Wasserwerke. München 1912.
12. **Blasius**: Das Ähnlichkeitsgesetz bei Reibungsvorgängen der Flüssigkeiten. Mitteilungen über Forschungsarbeiten. Heft 131. Berlin 1913.
13. **Brabbée K.**: Reibungswiderstände in Warmwasserheizungen. Mitteilungen der Prüfungsanstalt für Heizungs- und Lüftungseinrichtungen. Heft 5. Berlin 1913.
14. **Bodenseher E.**: Ein graphisches Verfahren zur Berechnung der Wasserleitungsrohrnetze. Zeitschrift des Österreichischen Ingenieur- und Architekten-Vereines. 1911.
15. **Couplet**: Des recherches sur le mouvement des eaux dans les tuyaux de conduite. Mémoires de l'Académie des sciences. Paris 1724.
16. **Couette**: Étude sur le frottement des liquides. Paris 1890.
17. **Crimp and Bruges**: A new formula for the flow of water in sewers and water mains. Proceedings of the Institution of Civil Engineers. Vol. 122.
18. **Christen P.**: Das Gesetz der Translation des Wassers in regelmäßigen Kanälen, Flüssen und Röhren. Leipzig 1903.
19. **Coker and Clement**: An experimental determination of the variation with temperature of the critical velocity of flow of water in pipes. Philosophical Transactions of the Royal Society of London. Vol. 201. 1903.
20. **Darcy**: Recherches expérimentales relatives au mouvement de l'eau dans les tuyaux. Paris 1857.
21. **Darrach**: The flow of water in pipes under pressure. Transactions of the American Society of Civil Engineers. 1878.
22. **Darrach**: Die Bewegung des Wassers in Röhren. Journal für Gasbeleuchtung und Wasserversorgung. 1879.
23. **Dubuat**: Principes d'hydraulique et d'hydrodynamique. Paris 1779.
24. **Dupuit**: Étude théorique et pratique sur le mouvement des eaux courantes. Paris 1848.
25. **Dariès G.** Précis d'hydraulique. Paris 1912.
26. **Débauve**: Distributions d'eau. Égouts. Paris 1897.
27. **Eytelwein**: Über den Reibungswiderstand. Abhandlungen der Akademie der Wissenschaften. Berlin 1813.
28. **Fanning J. T.**: A practical treatise of water supply engineering. New York 1878.
29. **Flamant A.**: Étude sur les formules de l'écoulement de l'eau dans les tuyaux de conduite. Annales des ponts et chaussées. 1892.
30. **Flamant A.**: Hydraulique. Paris 1900.
31. **Forchheimer Ph.**: Hydraulik. Enzyklopädie der mathematischen Wissenschaften. Leipzig 1906. Bd. IV.
32. **Frank A.**: Die Formeln über die Bewegung des Wassers in Röhren. Zivilingenieur 1881.
33. **Frank A.**: Berechnung der Kanäle und Rohrleitungen. München 1886.
34. **Frühling A.**: Der Wasserbau. Handbuch der Ingenieur-Wissenschaften. Leipzig 1904.
35. **Gerstner**: Versuche über die Flüssigkeit des Wassers bei verschiedenen Temperaturen. Gilberts Annalen der Physik. 1800.
36. **Ganguillet und Kutter**: Versuch zur Aufstellung einer allgemeinen Formel für die gleichförmige Bewegung des Wassers. Bonn 1877.
37. **Hagen**: Über den Einfluß der Temperatur auf die Bewegung des Wassers in Röhren. Berlin 1855.
38. **Hagen**: Über die Bewegung des Wassers in zylindrischen, nahe horizontalen Leitungen. Berlin 1870.
39. **Hagenbach**: Über die Bestimmung der Zähigkeit einer Flüssigkeit durch den Ausfluß aus Röhren. Annalen der Physik. Bd. 119. 1860.
40. **Iben O.**: Druckhöhenverlust in Rohrleitungen. Hamburg 1880.
41. **König Fr.**: Die Wasserversorgung innerhalb der Gebäude. Leipzig 1905.
42. **König Fr.** Hydrotechnisches Rechnen. Leipzig 1904.
43. **Kutter**: Die neuen Formeln über die Bewegung des Wassers. Wien 1877.
44. **Lueger**: Über Druckverluste in Rohrleitungen. Journal für Gasbeleuchtung und Wasserversorgung. 1881.
45. **Lueger**: Wasserversorgung der Städte. Bd. 1. Darmstadt 1890.
46. **Lampe**: Allgemeine Bemerkungen über die Bewegung des Wassers in Röhren. Danzig 1873.
47. **Lévy M.**: Théorie d'un courant liquide à filets rectilignes et parallèles de forme transversale quelconque. Annales des ponts et chaussées. 1867.
48. **Lévy M.**: Mouvement de l'eau dans les tuyaux circulaires. Mémoires de la Société des Ingénieurs Civils de France. 1888.
49. **Lawford**: The flow of water in long pipes. Proceedings of the Institution of Civil Engineers. London 1903.
50. **Lilienstern A.**: Tafeln zur Bestimmung der Rohrweiten bei Wasserleitungen. Journal für Gasbeleuchtung und Wasserversorgung. 1911.
51. **Lang**: Mechanik tropfbarer Flüssigkeiten. Hütte. XXI. Aufl. Berlin 1911.
52. **Marx, Wing and Horkins:** Experiments of the flow of water in the six foot steel- and wood-pipe. Transactions of the American Society of Civil Engineers. Vol. 44. 1900.
53. **Mewes R.**: Zur Berechnung von Warmwasser-, Wasser- und Gasleitungen. Dinglers polytechnisches Journal 1901.
54. **Prony R.**: Nouvelle architecture hydraulique. Paris 1790 bis 1796.
55. **Prony R.**: Resumé de la théorie et des formules relatives au mouvement de l'eau dans les tuyaux et les canaux. Paris 1825.
56. **Poiseuille**: Mémoires des Savants étrangers. Comptes rendus. Vol. 15. 1844.
57. **Pfarr A.**: Die Turbinen für Wasserkraftbetrieb. Berlin. 1. Aufl. 1906; 2. Aufl. 1912.
58. **Prasil Fr.**: Technische Hydrodynamik. Berlin 1913.
59. **Reynolds O.**: An experimental investigation of the circumstances which determine whether the motion of water shall be direct or sinuous and of the law of resistance in parallel channels. Philosophical Transactions of the Royal Society of London. Vol. 174. 1883.
60. **Rietschel**: Bewegungswiderstände des Wassers in Rohrleitungen. Gesundh.-Ing. 1910.
61. **Rother M.**: Zur Berechnung von Rohrnetzen für städtische Wasserversorgungsanlagen. Journal für Gasbeleuchtung und Wasserversorgung.
62. **Saint-Venant de**: Formules et tables nouvelles pour la solution des problèmes relatifs aux eaux courantes. Paris 1851.
63. **Smith H.**: Flow of water through pipes. Transactions of the American Society of Civil Engineers. Vol. 12. 1883.
64. **Smith H.**: Hydraulics. London 1886.

65. S m i t h  H.: Über den Leitungswiderstand von Röhren. Dinglers Polytechnisches Journal. 1884.

66. S t r u k e l  M.: Der Wasserbau. Leipzig 1900.

67. S c h l o t h a u e r: Wasserkraft- und Wasserversorgungs-anlagen. München 1906.

68. S a p h  a n d  S c h o d e r: An experimental study of the re-sistance of the flow of water in pipes. Transactions of the American Society of Civil Engineers. Vol. 51. 1903.

69. S c h o d e r: Curve resistance in water pipes. Transactions of the American Society of Civil Engineers. Vol. 62. 1909.

70. S o n n e  E.: Grundlagen für die Berechnung der Wasser-leitungen. Zeitschrift des Vereines Deutscher Ingenieure. Bd. 51. 1907.

71. T h r u p p: Flow of water in pipes and open channels. Trans-actions of the American Society of Civil Engineers. 1887.

72. T i c h e l m a n n  A.: Die früheren und heutigen Annahmen der Bewegungswiderstände des Wassers in Rohrleitungen. Gesundh.-Ing. 1911.

73. T i c h e l m a n n  A.: Die Bewegungswiderstände des Wassers in Rohrleitungen Gesundh.-Ing. 1910.

74. U n w i n: Friction of water against solid surfaces of diffe-rent degrees of roughness. Proceedings of the Royal Society of London. Vol. 31. 1880.

75. V o g t: Druckhöhenverlust in Rohrleitungen. Deutsche Bau-zeitung. 1880.

76. V o g t: Die neue Formel zur Berechnung der Reibungsver-luste in gebrauchten Wasserleitungsröhren. Journal für Gasbeleuchtung und Wasserversorgung. 1909.

77. W e i s b a c h  J.: Experimental-Hydraulik. Freiburg 1855.

78. W e i s b a c h  J.: Ausfluß des Wassers unter hohem Druck. Polytechnisches Zentralblatt. 1863.

79. W e i s b a c h  J.: Die verschiedenen Versuchsmethoden be-treffs des Ausflusses des Wassers unter konstantem Druck. Zivilingenieur. 1864.

80. W e i s b a c h  J.: Ausfluß des Wassers unter sehr kleinem Druck. Zivilingenieur. 1864.

81. W i l l i a m s,  H u b b e l l  a n d  F e n k e l: Experiments at Detroit Mich. on the effect of curvature upon the flow of water in pipes. Transactions of the American Society of Civil Engineers. Vol. 47. 1902.

82. W e y r a u c h  R.: Hydraulisches Rechnen. Stuttgart 1909.

83. W e r t h e i m: Über den Druckhöhenverlust bei gußeisernen Rohrleitungen. Deutsche Bauzeitung. 1875.

84. W a t z l i n g e r  A.  u n d  N i s s e n  O.: Versuche über die Druckänderung in der Rohrleitung einer Turbinenanlage. Zeitschrift des Vereines Deutscher Ingenieure. 1912.

85. Z e u n e r: Bewegung des Wassers in Rohrleitungen bei kleinen Druckhöhen. Zivilingenieur. 1854.

---

Das obige Literaturverzeichnis enthält die in unserer Arbeit benutzten Bücher und Abhandlungen. Wo im Texte auf dieselben verwiesen wird, ist stets, um die Wiederholungen zu vermeiden, nur die Nummer dieses Verzeichnisses in Klammern angegeben.

www.ingramcontent.com/pod-product-compliance
Lightning Source LLC
Chambersburg PA
CBHW081427190326
41458CB00020B/6119